Der Werdegang der Entdeckungen und Erfindungen

Unter Berücksichtigung
der Sammlungen des Deutschen Museums und
ähnlicher wissenschaftlich = technischer Anstalten

herausgegeben von

Friedrich Dannemann

4. Heft:

Die Eisengewinnung von den ältesten Zeiten bis auf den heutigen Tag

München und Berlin 1925
Druck und Verlag von R. Oldenbourg

Die Eisengewinnung von den ältesten Zeiten bis auf den heutigen Tag

Von

Prof. Dr. M. von Schwarz
und
Dr. F. Dannemann

Mit 25 Abbildungen im Text

München und Berlin 1925
Druck und Verlag von R. Oldenbourg

Einleitung.

Unter den Metallen spielt das Eisen mit seinen Legierungen die weitaus wichtigste Rolle. Ein höherer Kulturzustand ist ohne dieses Metall kaum denkbar. Das gilt nicht nur vom heutigen Tage, sondern fast nicht minder von weit zurückliegenden Zeiten.

So sagt Plinius, der bekannteste naturwissenschaftliche Schriftsteller des Altertums, vom Eisen: „Es ist das nützlichste und zugleich das verderblichste Metall. Wir reißen mit ihm zwar die Erde auf, brauchen es zum Bearbeiten der Gesteine und zu vielen anderen Zwecken. Indes wir brauchen das Eisen auch zum Krieg, zum Raub und Mord. Um dem Menschen den Tod schneller zu senden, haben wir ihn zu einem Vogel gemacht und die eisernen Geschosse befiedert. Ich halte dies für die verruchteste Hinterlist, die der Mensch ersonnen hat."

Aus der „Naturgeschichte" des Plinius geht ferner hervor, daß die Alten schon mehrere Eisensorten unterschieden. „Viele Länder", heißt es dort, „liefern nur weiches Eisen, andere brüchiges, das man nicht zu Rädern und Nägeln verarbeiten darf. In manchen Eisenhütten wird nur Stahl für schneidende Werkzeuge, Ambosse und Hämmer gewonnen. Große Unterschiede bringt das Wasser hervor, in das der glühende Stahl getaucht wird" usw.

Der vorgeschichtliche Mensch benutzte zur Anfertigung von Werkzeugen und Waffen Dinge, die ihm die Natur unmittelbar darbot, wie Holz, Knochen, Muschelschalen, vor allem aber Steine, unter denen sich der Feuerstein seiner Härte wegen und durch die Eigenschaft besonders eignete, daß er beim Behauen infolge seines muschligen Bruches scharfschneidige Stücke liefert. Das Eisen dagegen findet sich nirgends als solches, abgesehen von dem nur selten vorkommenden, aus dem Weltraum stammenden Meteoreisen. Gediegenes Eisen kommt auch im Basalt an einzelnen Stellen in geringen Mengen vor. Es wird im Gegensatz zum Meteoreisen terrestrisches Eisen genannt. Zum weitaus größten Teile wird das Eisen erst aus gewissen steinigen Massen, aus Eisen-

erzen, gewonnen. Daß man das Vorhandensein dieser weitver-
breiteten Erze an der rötlichen Farbe des Bodens erkennt, war
schon den Alten bekannt.

Das Verfahren der Eisengewinnung war überall das gleiche.
Es begegnet uns schon bei den alten Ägyptern, die bereits Jahr-
tausende vor Beginn unserer Zeitrechnung Eisen herstellten und
es zu vielen Zwecken benutzten. Die Art, wie die alten Ägypter
Eisen bereiteten, ist aus Abb. 1 ersichtlich. Sie benutzten Blasebälge aus Leder, die mit den Füßen getreten wurden. Ein Arbeiter
bediente zwei solcher Säcke, von denen abwechselnd der eine durch

Abb. 1. Eisenerzeugung bei den alten Ägyptern.

den Zug einer Schnur mit Luft gefüllt wurde, während sich der
andere unter dem Druck des Fußes entleerte. Die gepreßte Luft
gelangte in eine Feuerung, in welcher das Eisenerz unter der redu-
zierenden Wirkung eines Kohlenfeuers zu Eisen niedergeschmolzen
wurde. Den altägyptischen ähnliche Blasebälge sind noch heut-
zutage im Innern Afrikas in Gebrauch. Eine Anzahl von Modellen,
welche erläutern, wie heute Eisen von einigen Negerstämmen gewonnen wird, finden sich im Deutschen Museum in München.

Es ist anzunehmen, daß diese primitive Art dort, wo Eisenerze
in größerer Menge und genügender Reinheit vorhanden sind, von
mehr als einem Volke selbständig erfunden wurde. Die Ansicht,
daß sich in der Entwicklung der Menschheit ein Steinzeitalter,
eine Bronze- und eine Eisenzeit unterscheiden lassen, und daß
diese Perioden in der angegebenen Folge sich aneinander an-
schlossen, hat man aufgegeben. Trifft man heute doch noch Natur-
völker an, die sich in der oben geschilderten Art Eisen bereiten
und weder mit dem Kupfer noch mit der Bronze bekannt sind.
Hier spielen eben örtliche Umstände eine große Rolle, wie das

Vorhandensein geeigneter Erze, Handelsbeziehungen usw. Zumal Zinnerze kommen nur hier und dort vor. Auch die Kupfererze haben bei weitem nicht die Verbreitung wie die eisenhaltigen Mineralien.

Die oben geschilderte älteste und einfachste Art der Eisengewinnung lieferte eine teigige, zähe Masse, der man durch Hämmern die gewünschte Form geben kann (Schmiedeeisen), und deren Stücke sich in der Hitze wieder vereinigen lassen. Das leichtflüssige Gießerei- oder Roheisen kannten die Alten noch nicht. Nur in China ist das Gußeisen schon sehr lange bekannt und auch zu Gießereizwecken verwendet worden. Es entstand erst dadurch, daß man von Gruben, in denen die Eisenerze der Wirkung eines Holzkohlenfeuers ausgesetzt wurden, ganz allmählich zu Öfen überging. Sie erreichten schließlich eine solche Höhe (bis zu 30 m), daß sie Hoch- oder Hohofen genannt werden.

Durch das Gemäuer, mit dem man die Grube umgab, in der man anfänglich das Eisenerz erhitzte, bezweckte man, die Wärme besser zusammenzuhalten. Gleichzeitig stellte sich die nicht beabsichtigte Wirkung ein, daß das entstehende Eisen sich als geschmolzene Masse im unteren Teile des Ofens ansammelte, während sich bei dem ursprünglichen Verfahren, wie schon erwähnt, eine zähe Masse bildete. Der Grund dieser Verschiedenheit besteht darin, daß das Eisen in der Glühhitze nach längerer Zeit Kohlenstoff in ziemlicher Menge (bis zu 4 %) aufnimmt und dadurch seine Eigenschaften ganz wesentlich ändert. Es schmilzt dann nämlich schon bei beginnender Weißglut (1200°) zu einer Flüssigkeit, die sich in Formen gießen läßt (Gießereiroheisen). Infolge seiner Sprödigkeit eignet es sich aber zu den meisten Werkzeugen nicht mehr. Ein gußeiserner Hammer würde z. B. bei einem kräftigen Schlage zerspringen. Das beim Rennprozeß, so nennt man die Gewinnung in Gruben, erhaltene Eisen besitzt nur einen geringen Gehalt an Kohlenstoff, da es mit der glühenden Holzkohle nicht lange in Berührung blieb. Dafür ist es aber dehnbar und biegsam und für die meisten Zwecke noch hart genug (für die Herstellung der Pflugschar, der Schwerter usw.). Indessen ließ sich auch bei dem älteren Verfahren durch etwas längeres Belassen der glühenden teigigen Masse im Kohlenfeuer ein Eisen erzielen, das einen mittleren Kohlenstoffgehalt besaß und sich dem Stahle (Eisen mit etwa 1% Kohlenstoff) näherte. Dieses Eisen war weniger dehnbar wie das Schmiedeeisen, dessen Kohlenstoffgehalt durchschnittlich 0,2% beträgt. Dafür besaß es aber in ziemlich hohem Grade die Eigenschaft, die man als Elastizität bezeichnet, d. h. es kehrte bei nicht zu großen Formveränderungen (Biegen) in seine ursprüngliche Form zurück. Durch rasche Abkühlung aus dem glühenden Zustand ließ sich dem kohlenstoffreicheren Eisen, eben dem Stahl, eine solch bedeutende Härte, allerdings verbunden mit größerer Sprödigkeit, verliehen, daß selbst Granit damit bearbeitet werden konnte. Es ist nachgewiesen, daß man hierzu im alten Ägypten stahlartiges, gehärtetes Eisen benutzte. Daneben mag auch wohl Bronze diesem Zwecke gedient haben.

Ein Beispiel von den Leistungen der alten Völker im Schmieden ist die berühmte Eisensäule in Delhi. Sie wiegt 11000 kg und hat ein Alter von etwa 2000 Jahren. Die Säule besteht aus sehr reinem Eisen und ist trotz des feuchten Klimas des Landes kaum verrostet. Die Reisenden des Mittelalters erwähnen sie unter Ausdrücken der größten Bewunderung. Sie ist etwa $7^1/_2$ m hoch und besitzt einen Durchmesser von $1/_2$ m.

Aus den erwähnten Eigenschaften der schon in früher Zeit bekannten Eisensorten geht hervor, daß die Alten in dem Eisen schon ein Metall besaßen, das eine Reihe von wertvollen Eigenschaften in sich vereinigt wie kein anderes. Es hatte dem Kupfer gegenüber nur den Nachteil, daß es weniger beständig ist. Es rostet; und Rost frißt schließlich Eisen, was man besonders deutlich an alten Schwertern sehen kann, die aus der feuchten Erde ausgegraben wurden und in Museen ihren Platz fanden. Der mehr oder minder hohe Grad der Beständigkeit hängt von dem Verhalten der Metalle gegen den besonders wirksamen Bestandteil der Luft, den Sauerstoff, ab. Während er sich mit dem Gold nicht unmittelbar verbindet, besitzt er zum Eisen eine solch große Verwandtschaft, daß feinverteiltes, chemisch reines Eisen sich mit dem Sauerstoff der Luft sofort unter Erglühen verbindet, wie Phosphor, den man in feiner Verteilung der Einwirkung der Luft aussetzt.

Solange es sich um die Gewinnung des Eisens in Gruben und um die Bedienung der Blasbälge durch Menschen handelte, konnte das Eisen nur eine verhältnismäßig geringe Bedeutung gewinnen. Die kleinen Mengen, die man erzeugte, dienten zur Anfertigung von Werkzeug und von Waffen. Als Baumaterial kam es noch nicht in Frage. Als solches behaupteten Holz und Stein, wie die Natur sie liefert, den unbestrittenen Vorrang.

Ein neuer großer Abschnitt in der Geschichte der Eisengewinnung trat erst ein, als man die Kraft des strömenden Wassers zum

Betriebe der Gebläse verwenden lernte und fast zur selben Zeit die Grube, in der man anfangs das Eisen gewann, mit einem ringförmigen Gemäuer umgab, aus dem nach und nach der heutige Hochofen mit einer Tagesleistung von Hunderten von Tonnen entstanden ist.

Die geschilderte Umwälzung des Eisenhüttenbetriebes erfolgte gegen das Ende des Mittelalters in den Alpen. Nach alten Urkunden hat man in Steiermark schon im 13. Jahrhundert die Gebläsevorrichtungen mit Wasserrädern betrieben. Auch vom Siegener Lande ist urkundlich nachgewiesen, daß dort schon um 1400 Wasserkraft zur Anwendung kam und Roheisen gewonnen wurde.

In diesem zweiten Stadium der Eisengewinnung erhielt man anstatt der wenigen Kilogramm Schmiedeeisen, die der Rennprozeß in einem Gange lieferte, schon etwa 1000 kg Roheisen am Tage, allerdings verschwindend wenig gegenüber den 600 000 kg, die ein moderner Hochofen (Abb. 2) täglich liefert.

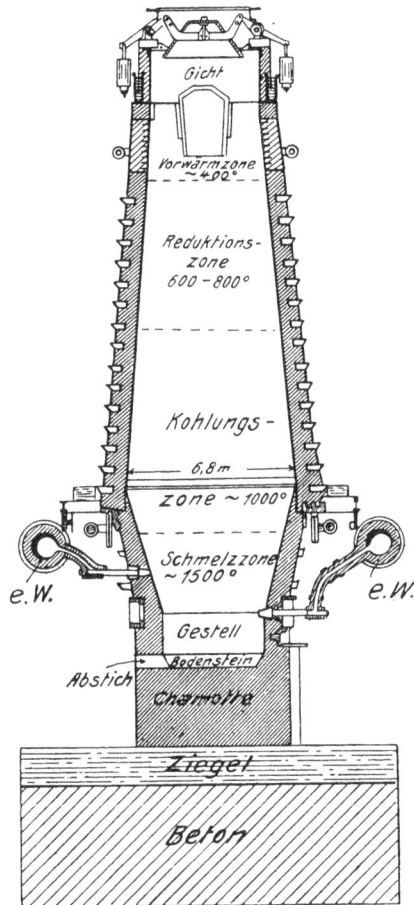

Abb. 2. Schematischer Schnitt durch einen Hochofen für 400 t Tagesleistung der Gutehoffnungshütte in Oberhausen.

Der Hochofenprozeß.

Vor dem 18. Jahrhundert wurden nur Holzkohlen zum Hochofenprozeß verwendet und die alten Hochöfen hatten nur eine Höhe von 5 bis etwa 7 m; ihre Tagesleistung an Roheisen betrug nur 2 bis 3 t. Das so erblasene Holzkohlenroheisen zeichnete sich durch einen sehr geringen Schwefelgehalt aus, wird aber heute nur mehr in sehr holzreichen Gegenden erblasen, und seine Menge ist verschwindend klein gegenüber dem mit Koks hergestellten. Im 18. Jahrhundert[1]) versuchte man Koks als Brennstoff im Hochofen zu verwenden. In Deutschland wurde im Jahre 1793 der erste Kokshochofen in Betrieb genommen. Seit dieser Zeit hat der mit Koks betriebene Hochofen immer mehr an Verbreitung gewonnen und ist heute Alleinherrscher, denn die Elektro-Hochöfen, die später besprochen werden, sind noch im Versuchsstadium.

Die Leistung der ersten Kokshochöfen war nur eine geringe und betrug etwa 4 t Roheisen im Tage. Bald vergrößerte man die Abmessungen der Hochöfen, denn man war bestrebt, die Wärmeverluste zu verringern, die ja mit der Oberfläche des Ofens in direkter Beziehung stehen. Bei größeren Abmessungen wird nämlich das Verhältnis des Ofeninhaltes zur Oberfläche immer günstiger. Außerdem umgab man die Innenausmauerung mit einem Wärmeschutz, dem sog. Rauhgemäuer. Tatsächlich erreichte man so einen geringeren Brennstoffverbrauch wie früher, und man erzielte den weiteren Vorteil, daß der Hochofen leistungsfähiger wurde, denn da man weniger Brennstoff im Ofeninneren unterbringen mußte, konnte mehr Erz darin reduziert werden.

Bis gegen das Ende des 19. Jahrhunderts vergrößerte man die Abmessungen der Hochöfen, insbesondere deren Höhe immer mehr, denn durch die Gichtgasanalysen erfuhr man, daß ein großer Teil des Kohlenstoffes nur zu Kohlenoxyd (CO) verbrannte. Man wollte so erreichen, daß die Verbrennung zu Kohlendioxyd (CO_2) erfolge. Doch brachten auch ganz gewaltige Steigerungen der Höhe der Hochöfen (auf 30 und mehr Meter) nicht diesen Erfolg. Gleichzeitig entwickelte sich die physikalische Chemie immer weiter, und durch die Studien über die Gleichgewichtszustände gelangte man zur Erkenntnis, daß auf diesem Wege sich kein weiterer Fortschritt erreichen läßt. Man sieht aus diesem Beispiel, wie wichtig die Kenntnis der Naturgesetze auch für die ausübende Technik ist.

---

[1]) Das Deutsche Museum enthält das Modell einer Hochofenanlage aus dem 18. Jahrhundert. Dort finden sich auch die ersten Hochöfen mit Winderhitzung (1840). Sie erfolgte in eisernen Röhren, die durch Abgase des Hochofens erhitzt wurden. Auch eine Hochofenanlage aus der Zeit um 1875 (Krupp-Werk bei Neuwied) ist im Verhältnis 1:25 dargestellt.

Die relative Form der Hochöfen ist, wie die zwei nebeneinan-
dergestellten Längsschnitte der Abb. 3 zeigen, nahezu dieselbe ge-
blieben. Der obere Kegelstumpf heißt der „Schacht", dann folgt
im zylindrischen Teil der sog. Kohlensack, an welchen sich ein
nach unten verjüngter Kegelstumpf, die „Rast", anschließt.
Der unterste Teil des Hochofens ist wieder zylindrisch und wird
das „Gestell" genannt und vom „Bodenstein" abgeschlossen. Die
obere Öffnung heißt die „Gicht". Durch sie erfolgt die Beschickung
des Hochofens, die aus abwechselnd
aufgegebenen Schichten von Koks
(manchmal auch Anthrazit) und dem
Erz nebst Zuschlägen, der „Möllerung" besteht. Beim Hochofen finden
wir das Gegenstromprinzip im vollen
Maße ausgenutzt, denn die von der
untersten heißen Schmelzzone aufsteigenden Gase geben ihre Wärme
auf die von oben nach unten sich
bewegende Beschickung in günstigster
Weise ab. Die Abb. 2 zeigt einen
Längsschnitt durch einen neuzeitlichen Hochofen der Gute-Hoffnungs-
hütte in Oberhausen mit einer Tagesleistung von 400 t Roheisen. Durch
die stetige Vergrößerung der Abmessungen der Hochöfen wurde die im
Innern erzeugte Wärme so groß, daß
die feuerfeste Ausmauerung infolge

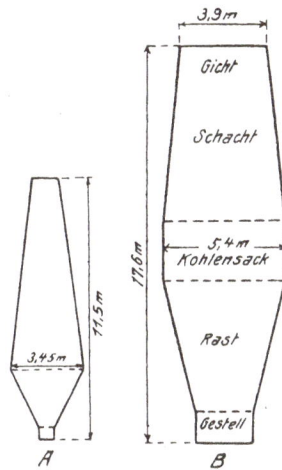

Abb. 3.
A alter Hochofen (18. Jahrhundert),
B neuzeitlicher Hochofen, in sche-
matischem Längsschnitt.

zu starker Erwärmung zu sehr litt. Statt des Wärmeschutzes
durch das Rauhgemäuer mußte man zu einer rasch wirkenden
Wasserkühlung an der Außenseite des Hochofengemäuers schrei-
ten. Der Wasserverbrauch für eine Hochofenkühlung ist ein ganz
gewaltiger und beträgt etwa soviel wie der Verbrauch einer Stadt
von 30 000 Einwohnern.

Im Gestell sind meist zwei Reihen von wassergekühlten
Windformen angebracht, wovon die obere Reihe für den Notfall
vorgesehen ist, wenn z. B. die untere unbrauchbar werden sollte.
Durch die Windformen strömt der auf 600 bis 900° C vorgewärmte
Wind mit einem Druck von etwa $1/_2$ bis 1 Atmosphäre Überdruck
in den Hochofen ein und bewirkt eine äußerst lebhafte Verbrennung des Kohlenstoffes, so daß die Temperatur etwa auf 1800° C

gesteigert wird. Der Wind hat eine Geschwindigkeit von etwa 20
bis 25 m in der Sekunde, während sich die Beschickung im Hochofen etwa 0,6 bis 0,8 m in der Stunde nach abwärts bewegt.

In der Schmelzzone (vgl. Abb. 2) wird der letzte Rest noch
vorhandenen Brennstoffes verbrannt und das Eisen, sowie die Gangart[1]) und der Zuschlag[2]), zu Schlacke verschmolzen. Nach dem
spezifischen Gewicht gesondert, sammelt sich das flüssige Roheisen im Gestell unten und darüber die flüssige Schlacke an, welche
die Aufgabe hat, das Eisen vor der oxydierenden Wirkung des
Windes zu schützen. Von Zeit zu Zeit, oder bei ganz großen Hochöfen auch ununterbrochen, fließt die Schlacke aus einer sog.
„Schlackenform" ab, um zu Blöcken geformt oder als „Hochofen-
zement" weitere Verwendung zu finden. Das Roheisen wird meist
periodisch abgestochen. Oberhalb des Gestells (vgl. Abb. 2), in der
Kohlungszone, in der eine Temperatur von 1000 bis 1200° C
herrscht, nimmt das reduzierte Eisen etwa 4 bis 5% Kohlenstoff
auf und wird dadurch leichter schmelzbar. Darüber liegt die
„Reduktionszone", in welcher die Erze durch die aufsteigenden
Gase, hauptsächlich durch das Kohlenoxyd, reduziert werden (von
unten nach oben sinkt die Temperatur von etwa 1000° auf 400° C).
Hier geschieht hauptsächlich die Reduktion der Eisenerze. Oberhalb der Reduktionszone, gegen die „Gicht" zu, liegt die „Vor-
wärmzone". Die oft feucht aus der Grube kommenden Erze und
Zuschläge werden hier durch die heißen Gichtgase getrocknet und
vorgewärmt. Abgesehen von einer ganz geringen Zyanbildung[3]),
durchwandert der Stickstoff der Gebläseluft unverändert den
ganzen Hochofen. Er verläßt den Hochofen aus der Gicht mit den
Verbrennungsgasen, die reichliche Mengen von Kohlenoxyd enthalten und gut brennbar sind. Früher zündete man diese Gichtgase an und ließ sie nutzlos verbrennen. Später erkannte man
den Wert der Gichtgase für Heiz- und Kraftzwecke und heute nutzt
man sie restlos aus. Man heizt damit die Winderhitzungsappa-
rate, wozu etwa 40% der Gichtgasmenge nötig sind. Neben
der Gasmenge zur Deckung des Kraftbedarfs und einem Ver
lust von etwa 10% bleiben die restlichen 50% für andere Zwecke
verfügbar. Bei einem Hochofen mittlerer Größe, von etwa 250 t

---

[1]) Beimengungen des Erzes.
[2]) Dem Erze hinzugefügte Mineralien, meist Kalk. Der Zuschlag richtet sich nach der Natur der Gangart. Beide müssen in
der Hitze eine leicht flüssige Schlacke liefern.
[3]) Zyan ist die Verbindung von Kohlenstoff mit Stickstoff.

Tageserzeugung an Roheisen, entspricht dies, in Verbrennungs-
kraftmaschinen ausgenutzt, einer Leistung von etwa 10 000
Pferdekräften (PS). Davon werden für die Gebläsemaschinen und
die Aufzüge und sonstigen, meist elektrischen Anlagen des Hoch-
ofenwerkes rund 2500 PS verbraucht, so daß das überschüssige
Gichtgas an 7500 PS Kraft abzugeben gestattet. Sie wird meist
in elektrische Energie verwandelt und für den Antrieb von Walz-
werken, von Elektrostahlöfen, zur Beleuchtung usw. verwendet.
Das Gichtgas ist nicht direkt verwendbar, denn beim Verhütten
von normalen Eisenerzen enthält es 5 bis 15 g Gichtstaub, bei

Abb. 4. Hochofenanlage der Friedrich-Alfred-Hütte (Krupp) in Oberhausen.

sog. Feinerzverhüttung kann der Staubgehalt auf 30 bis 50 g im
Kubikmeter ansteigen. Da dieser Gichtstaub in den Winderhitzern
die feuerfesten Steine bald verschlacken und insbesondere die
Zylinder der Großgasmaschinen zu stark angreifen würde, muß
das Gichtgas sorgfältig gereinigt werden. Man verwendet dazu
meist eine trockene Vorreinigung, die darin beruht, daß man in
die Gichtgasleitung Kammern einschaltet, wodurch die Fortbe-
wegungsgeschwindigkeit so stark vermindert wird, daß das Gas in
diesen „Staubkammern" von etwa 8 bis 10 m Durchmesser und
bis zu 20 m Höhe bis auf 0,5 bis 3,5 g pro Kubikmeter entstaubt
wird. Für die Cowperapparate (d. h. die Winderhitzer) reicht eine
derartige Reinigung meist schon aus, für den Betrieb der Gasmaschinen muß noch eine weitere Reinigung vorgenommen werden,

die meist auf nassem Wege erfolgt. Dabei wird das Gas von etwa 200° auf 60 bis 80° abgekühlt. Durch Einspritzen von feinen Wasserstrahlen gelingt es, den Staubgehalt auf 0,1 bis 0,03 g pro Kubikmeter herabzubringen. Dann erfolgt noch eine weitere Reinigung mit Feinwaschapparaten. So gelingt es, den Gichtstaubgehalt auf 0,01 g pro Kubikmeter herabzudrücken, wodurch das Gichtgas für den Betrieb der Gasmaschinen geeignet wird. Die chemische Zusammensetzung der Gichtgase ist im Mittel etwa:

25 bis 30 Volum-% Kohlenoxyd
etwa 10 ,, ,, Kohlendioxyd und der Rest ist
52 bis 60 ,, ,, Stickstoff;

daneben kommen in kleinen Mengen Wasserstoff, Methan und Wasserdampf vor. Sein Heizwert ist etwa 850 bis 900 Kalorien pro Kubikmeter. Der Gichtstaub, der noch viel an wertvollem Eisenerz enthält, wird meist, zu Briketts gepreßt, wieder dem Hochofen zugeführt.

Am leichtesten wird Eisenoxydul reduziert nach den Formeln:

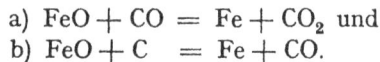

a) $FeO + CO = Fe + CO_2$ und
b) $FeO + C = Fe + CO$.

Man braucht nach der Gleichung a) etwa 40% und nach der Gleichung b) etwa 54% des Eisengewichtes Koks, bei einer Winderhitzung von 600 bis 800° C. Eisenerze, in welchen das Eisen als ein Eisensilikat enthalten ist, brauchen soviel Kohlenstoff zur Reduktion, daß ihre Verhüttung nicht wirtschaftlich ist. Silikate des Eisens dürfen der „Möllerung"[1] deshalb nur in beschränktem Maße zugegeben werden. Zu hoher Feuchtigkeitsgehalt der Erze, sowie chemisch gebundenes Wasser sind ungünstig, weil dadurch unnötig viel Brennstoff verbraucht wird. Auch die Beschaffenheit der Erze ist von großem Einfluß auf den Hochofengang. Ein lockeres Gefüge, wie es die weichen, mulmigen Erze und gerösteter Spateisenstein aufweisen, ist vorteilhaft, weil es die Reduktion erleichtert. Dichter Magneteisenstein ist schon schwerer reduzierbar, und die Eisensilikate gelten als am schwersten zu verhütten.

Weiterhin ist zu beachten, welche Verunreinigungen die Eisenerze noch enthalten, und in welchen Mengen diese auftreten. Darnach richtet sich die Zusammenstellung der Möllerung. Meist ist man gezwungen, um eine leicht flüssige Schlacke zu erhalten, noch Zuschläge zu machen. Wo die Eisenerze Kieselsäure und Alu-

---

[1] So nennt man die Mischung des Erzes mit den Zuschlägen.

miniumoxyd im Überschuß enthalten, wird es nötig, Kalk oder Dolomit, also basische Bestandteile, zuzuschlagen. Seltener liegen Eisenerze vor, die einen sauren Zuschlag erheischen. Man verwendet in diesem Falle meist Tonschiefer. Das Volumen der entstehenden Schlacke beträgt meist das Doppelte bis Vierfache des erblasenen Roheisens.

Die Verunreinigung der Eisenerze durch Bleierze ist meist nicht schädlich, denn im flüssigen Zustande legiert sich das Blei nicht mit dem Eisen, sondert sich vielmehr unter diesem ab und kann so gewonnen werden. Dagegen bilden größere Mengen von Zinkerzen eine Gefahr. Das Zink verunreinigt zwar das Eisen nicht, aber es kann sich im Schachte des Hochofens, wo er schon kälter ist, ansetzen und so das gefürchtete und auch gefährliche „Hängenbleiben der Gichten" verursachen. Größere Mengen von Kupfer, Arsen, Chrom und Schwefel in den Eisenerzen können recht schädlich werden, da sie im Hochofengang auch reduziert und geschmolzen werden und dann das Roheisen verunreinigen. Eisenerze, die keine Zuschläge erfordern, sind nicht häufig. Das Mischen der Erze und Zuschläge im richtigen Verhältnis heißt Möllern. Bei der heute gebräuchlichen Größe der Hochöfen wird die Möllerung oder Beschickung in einzelnen Schichten von der Gichtbühne in den Schacht des Hochofens gestürzt, wobei 3 bis 7 t auf einmal hineingeworfen werden, so daß einzelne Schichten von Brennstoff und Erz aufeinander folgen.

Ein Hochofen, einmal angeblasen, geht nicht nur Tag und Nacht, sondern jahrelang fort. Durch genaue chemische Überwachung der Beschickung kann man viele Störungen des Hochofenganges vermeiden, was sehr wichtig ist. Besonders gefürchtet ist der sog. Rohgang, bei welchem zu wenig Wärme im Hochofen erzeugt wird. Man erkennt dies an der dunklen Schlacke, die normalerweise hellgelb sein soll. Das „Hängen der Gichten", „Gasexplosionen" und „Wassereintritt" in den Hochofen können gleichfalls sehr gefährlich werden.

Wenn die Roheisenerzeugung aus irgendwelchen Gründen vermindert werden muß, so kann der Hochofen für einige Wochen, ja auch Monate gedämpft werden. Trotz der damit verbundenen hohen Brennstoffkosten ist dies noch immer wirtschaftlicher, als den Hochofenbetrieb zu unterbrechen und den Hochofen auszublasen, wie man sagt. Dies geschieht nur, wenn sehr dringende Reparaturen nötig sind. Die Zahl der Hochöfen auf der ganzen

Erde beträgt etwa 1000, wovon allerdings, je nach der wirtschaftlichen und politischen Lage, ein Teil außer Betrieb ist.

Das Roheisen wird etwa alle 5 Stunden abgestochen. Man erhält dabei jedesmal etwa eine Waggonladung, die meist noch flüssig weiter verarbeitet wird.

Dem Brennstoff ist beim Hochofenprozeß ebenfalls große Beachtung zu schenken. Meist wird dazu sog. „Hüttenkoks" verwendet, nur selten noch Holzkohle oder Torfkoks und in Amerika auch Anthrazit. Auf die elektrische Heizung wird später noch näher eingegangen werden. Durch chemische Untersuchung des Kokses findet man dessen Aschen- und Wassergehalt, die zusammen 20 bis 25% ausmachen können. Beste Koks haben an Asche weniger als 9, schlechte 11 bis 14% bei einem Wassergehalt von 2 bis 4%. Der Schwefelgehalt soll gering sein. Auch die physikalischen Eigenschaften des Kokses müssen beachtet werden. Seine Festigkeit gegen Abrieb, seine Härte und Porosität sind für den Hochofenbetrieb wichtig. Um den Abrieb zu verringern, der beim Einstürzen in die Gicht entsteht, verwendet man mit Vorteil eigene Kokskübel, wodurch an 2% Koks erspart werden können.

Die heutigen Leistungen und die Wirtschaftlichkeit des Hochofenbetriebes sind mit durch die Wiedergewinnung der Wärme in den Winderhitzern (Cowperapparaten) bedingt, die wir auf dem Gesamtbilde einer modernen Hochofenanlage deutlich erkennen, wie dies Abb. 4 zeigt. Allerdings war schon viel früher von dem Deutschen Faber du Faur der Gebläsewind mit Hilfe der Wärme der Gichtgase erhitzt worden. Doch wiesen die eisernen Rohre, in welchen er den Wind erhitzte, einen sehr starken Verschleiß auf; und außerdem konnte der Wind auf höchstens 550° erhitzt werden. Später wurden turmartige Winderhitzer verwendet, deren gitterförmiger Steinausbau durch Verbrennung von Gichtgasen auf helle Glut erhitzt wird. Dann wird etwa 2 Stunden lang der Gebläsewind hindurchgeleitet. So gelingt es, den Wind auf 800° C und darüber zu erhitzen. Zu einer Hochofenanlage gehören mehrere solche Winderhitzer, die abwechselnd geheizt und auf Wind gestellt werden. Ein oder mehrere Winderhitzer stehen als Reserve bereit.

In allerneuester Zeit hat man nach sehr vielen Vorversuchen auch begonnen, die elektrische Energie zur Roheisenerzeugung zu verwerten. Allerdings ist der Stromverbrauch dabei noch ein so großer, daß die Elektro-Roheisenerzeugung nur dort wettbewerbsfähig ist, wo sehr billige elektrische Energie zur Verfügung steht.

Dies ist besonders in Schweden und teilweise auch in Italien der Fall, darum fand besonders hier dies Verfahren seine Ausbildung.

Die elektrischen Hochöfen besitzen eine ähnliche Form wie die gewöhnlichen Hochöfen, nur sind ihre Abmessungen wesentlich kleiner gehalten. Der Herd der Elektro-Hochöfen ist allerdings

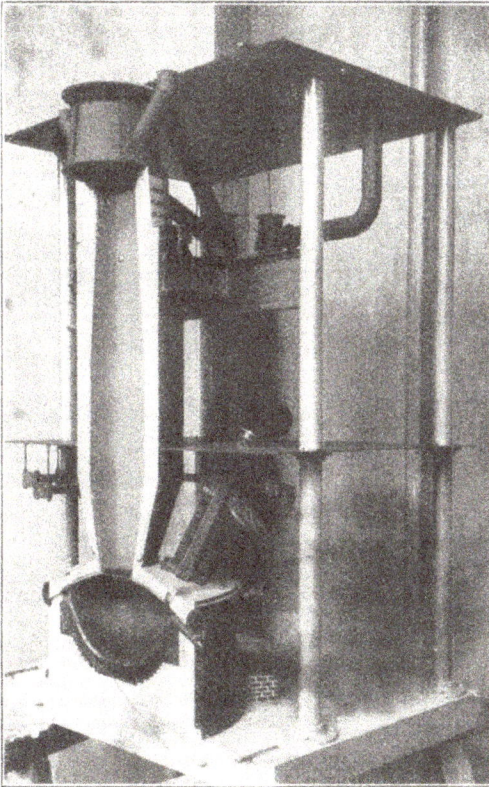

Abb. 5. Schnitt durch das Modell der am Trollhätta betriebenen Elektrohochofen, im Deutschen Museum befindlich.

größer, denn hier erfolgt durch schräg hereinragende Elektroden (Abb. 5) die Heizung. Beim Elektro-Hochofen kommt ferner kein Wind zur Anwendung, denn der größte Teil des Erzes wird hier direkt durch die Kohle reduziert. Das bei der hohen Temperatur dabei entstehende Kohlenoxyd steigt im Schachte aufwärts und wirkt reduzierend und vorwärmend ein. Das Gegenstromprinzip hat sich auch hier wieder gut bewährt. Beim Elektro-Hochofen werden die Gichtgase meist durch einen Ventilator abgesaugt und nach Reinigung von Gichtstaub wieder dem Herde zugeführt, so daß ein nahezu ununterbrochener Vorgang stattfindet. Die Abb. 5 zeigt einen am Trollhätta seit dem Jahre 1911 im Betrieb befindlichen Elektro-Hochofen, der nahezu 14 m hoch ist, bei 3,2 m Schachtdurchmesser. Im Schmelzraum beträgt der Durchmesser 5,6 m. In 24 Stunden können etwa 20 t Roheisen damit erzeugt werden bei einem durchschnittlichen Stromverbrauch von 2000 Kilowattstunden für eine Tonne erschmolzenen Roheisens. Zur Reduktion verwendet man hauptsächlich Holzkohle.

Statistisches über die Eisenerzeugung.

Die Weltproduktion an Roheisen hat sich, wenn man auch nur bis zum Jahre 1870 zurückgreift, wesentlich erhöht.

Sie betrug im Jahre	1870	1880	1890	1900	1910	1916	1923
etwa Millionen Tonnen	12	17	28	39	67	71	68

Im Jahre 1915 betrug die Roheisenerzeugung in den Hauptproduktionsländern:

Vereinigte Staaten . . . . . . 30 Mill. t
Deutschland und Luxemburg . . 12 ,, ,,
England . . . . 10 ,, ,,
Frankreich . . . . 0,6 ,, ,,
Österreich-Ungarn . . . . 2 ,, ,,
Belgien . . . . 0,1 ,, ,,
Rußland . . . . 2,5 ,, ,,
schätzungsweise in den übrigen
Ländern . . . . 2 ,, ,,

Auf die einzelnen Eisensorten verteilte sich die Erzeugung des Jahres 1911 beispielsweise im deutschen Zollgebiete folgendermaßen:

Spiegeleisen . . . . 1 734 000 t
Puddelroheisen . . . . 512 000 ,,
Bessemerroheisen . . . . 375 000 ,,
Thomasroheisen . . . . 9 851 000 ,,
Gießereiroheisen . . . . 3 064 000 ,,
Rohstahl . . . . 15 020 000 ,,

Auch für die damalige Zeit bedeuteten dies Werte von mehreren Milliarden Goldmark, woraus man die wirtschaftliche Bedeutung der Eisenindustrie, die besonders für Deutschland so wichtig ist, erkennen kann. Auf die einzelnen Länder verteilte sich die Roheisenerzeugung vor dem Kriege etwa in Prozenten:

Rheinland (Westfalen) . . . . 42 %
Saarbezirk (Lothringen u. Luxemburg). . . . 37 ,,
Schlesien . . . . 10 ,,
Siegerland mit Lahnbezirk und Hessen-Nassau 9 ,,
Bayern mit Württemberg und Thüringen . . 1,7 ,,
Sachsen . . . . 0,3 ,,

Die Eisenerzeugung der Länder zeigte, abgesehen von den Kriegsjahren, auch Schwankungen, welche durch verschiedene Einflüsse bedingt wurde, wie wirtschaftliche Verhältnisse, Politik und Handelsgesetzgebung; auch Zölle, Tarife usw. zeigten sich von Einfluß. Für Deutschland hat der unglückliche Friedensschluß eine gewaltige, beinahe vernichtende Verschiebung der Eisenindustrie und damit des ganzen Wirtschaftslebens gebracht. In Europa war vor dem Krieg Deutschland mit 19,3 Millionen Tonnen Roheisenerzeugung führend gewesen, hat aber gegen 78% davon verloren, so daß nun England hier die führende Rolle übernommen hat und Frankreich einen großen Teil der ehemals deutschen Eisenerzeugung an sich gezogen hat. Es steht dadurch in Europa an zweiter Stelle und trachtet danach, auf diesem Gebiet nun auch England zu überflügeln! Im Laufe der Jahre wird sich dieses 'wirtschaftliche Ringen wohl auch auf politischem Gebiete bemerkbar machen.

In Amerika stieg die Eisen- (besonders auch die Stahl-) Erzeugung durch den Krieg ganz beträchtlich an, wodurch sein steigender Reichtum mitbegründet wurde. In Deutschland war etwa $1/2$% der gesamten Bevölkerung in der Eisenindustrie tätig! Besonders kennzeichnend für die wirtschaftliche Lage Deutschlands ist, daß vor dem Kriege der auf den Kopf entfallende Betrag an Eisen 690 kg im Jahre betrug, 1920 aber auf 182 kg zurückgegangen ist! Nach dem Statistischen Jahrbuch des Deutschen Reiches (1923) zeigt sich (nach dem jeweiligen Gebietsstand) folgende Übersicht der deutschen Eisenversorgung:

Jahr	Gewinnung	Einfuhr	Ausfuhr	Verbrauch	Berechneter Verbrauch auf den Kopf in kg
		in 1000 Tonnen			
1913	34 984	14 024	2 613	46 395	690
1916	27 099	6 225	314	33 010	486
1917	25 018	9 004	28	33 994	03
1920	5 271	5 915	76	11 111	182
1921	4 841	6 521	50	—	—

Bemerkenswert ist, daß z. B. im Jahre 1912 der Wert der Kohlenförderung und der Eisenerzeugung den Wert der Gold- und Silbererzeugung mehr als um das Sechsfache übertrifft. Man ersieht gerade aus diesen Zahlen die ungeheure wirtschaftliche Bedeutung der Eisenindustrie.

Einiges über die Eisengießerei.

Nur selten wird heute das Roheisen, wie es aus dem Hochofen kommt, direkt vergossen. Meist schmilzt man verschiedene Roheisensorten, manchmal unter Zusatz von Spänen im Kupoloder Kuppelofen um. Seltener dient dazu ein Flammofen, wenn auch das Flammofenschmelzen im Laufe der letzten Jahre für die Herstellung eines kohlenstoffärmeren Gusses, des sog. Halbstahles, immer größere Bedeutung erlangt. Auf diesem Gebiet ist Amerika führend gewesen. Je nach dem Verwendungszweck, also nach den gewünschten Eigenschaften und besonders auch den Abmessungen der Gußteile, richtet sich die Zusammenstellung der zum Einschmelzen kommenden Eisensorten. Es kann auch Flußeisen zugesetzt werden, das allerdings beim Schmelzen wieder so viel Kohlenstoff aufnimmt, daß es zu Roheisen wird. Die Kupolöfen sind Schachtöfen, meist mit einer lichten Weite von 0,5 bis 1,5 m bei 3 bis etwa 6 m Höhe. Sie sind innen mit feuerfesten Steinen oder durch Einstampfen mit einer feuerfesten Ofenmasse versehen, während sie außen von einem Blechmantel umgeben werden. Ihr Aufbau ähnelt also einem kleinen Hochofen; und unten sind auch Windformen angebracht. Nach dem Anheizen werden abwechselnd Koks und Roheisen eingeworfen. Ein mittelgroßer Kupolofen liefert etwa 1000 kg/st flüssiges Gießereieisen und verbraucht dazu etwa 1050 kg Roheisen, 80 kg Koks und 15 kg Kalk, um den Schwefel des Schmelzkokses zu binden. Manchmal gibt man auch noch etwas Flußspat zu, um die Schlacke dünnflüssiger zu machen. Der Gesamtabbrand beträgt etwa 4 bis 5%. Besonders betrifft er den Siliziumgehalt, wovon etwa ein Fünftel verbrennt. Der Kohlenstoffgehalt von grauem Roheisen wird beim Umschmelzen im Kupolofen nahezu nicht verändert.

Beim Umschmelzen von Spiegeleisen im Kupolofen finden wir:
vor dem Umschmelzen 4,4% Kohlenstoff, 0,1% Silizium, 14,3% Mangan, 0,07% Phosphor;
nach dem Umschmelzen 4,6% Kohlenstoff, 0,05% Silizium, 10,2% Mangan, 0,08% Phosphor.

Das Herdfrischen.

Der Hochofenprozeß würde sich nicht entwickelt haben, wenn man nicht sofort Mittel und Wege gefunden hätte, das zerbrechliche, leicht schmelzbare Roheisen in das widerstandsfähige Schmiedeeisen und in den elastischen harten Stahl zu verwandeln. Sobald das gelungen war, gab man die direkte Erzeugung von schmiedbarem Eisen in dem so wenig ergiebigen Rennprozeß auf. Das älteste Verfahren der indirekten Gewinnung von schmiedbarem Eisen war das Herdfrischen. Es bestand darin, daß man das im Hochofen gewonnene Roheisen auf einem flachen Herde schmolz und es gleichzeitig einer reichlichen Zufuhr von Luft aussetzte.

Der wesentliche Vorgang beim Herdfrischen ist die Verbrennung des im Roheisen enthaltenen Kohlenstoffes. Man schmilzt dazu das Roheisen in kleinen Mengen auf dem Herde nieder, wobei so viel Wind eines Gebläses zugeführt wird, daß eine stark oxydierende Flamme entsteht. Als Heizstoff konnte hier, wie früher beim Rennfeuer, nur Holzkohle verwendet werden, denn der Schwefelgehalt der Steinkohlen würde das entstehende Schmiedeeisen rotbrüchig machen. Das Erhitzen des Roheisens muß so lange geschehen, bis es die Eigenschaften des schmiedbaren Eisens angenommen hat. Dieser indirekte Weg zur Herstellung des schmiedbaren Eisens auf dem Umwege über das Roheisen bedeutete für die damalige Zeit schon einen wesentlichen Fortschritt. Auch war hier gegenüber dem Rennfeuerbetrieb der Verbrauch an Holzkohlen etwa auf die Hälfte vermindert worden. Später konnte man durch Winderhitzung noch weitere Brennstoffersparnis erreichen. Die Abb. 6 zeigt ein älteres Frischfeuer. Bei der Oxydation verbrennen auch Mangan und Silizium aus dem Roheisen und bilden eine Schlacke,

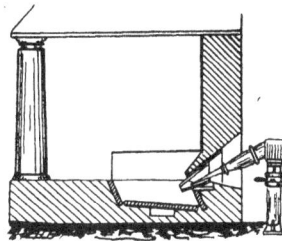

Abb. 6. Älteres Frischfeuer in schematischem Vertikalschnitt.

welche durch Hämmern und Walzen aus dem entstandenen Frischeisen entfernt werden muß.

Den Vorgang des Frischens hat man erst lange, nachdem man ihn erfunden, erklären können. Die wissenschaftliche Einsicht ist sehr oft nicht etwa die Vorbedingung für die Ausübung eines praktischen Verfahrens gewesen. Sie ist es erst in neuerer Zeit in

wachsendem Maße geworden, indes bei weitem noch nicht in dem
Grade, wie der Laie häufig annimmt Wohl aber gebührt der
wissenschaftlichen Einsicht sehr oft das Verdienst, daß sie den
Gang eines aus der Praxis, rein empirisch wie man es wohl nennt,
erwachsenen Verfahrens regelt (ihn rationeller gestaltet). Hierfür
kann uns gerade die Umwandlung des Roheisens in Schmiedeeisen
ein Beispiel bieten. Die Grundlagen für das Verständnis dieses
Vorganges gewann man erst, als in der zweiten Hälfte des 18. Jahrhunderts die moderne Chemie erblühte. Einer ihrer Pfadfinder,
der große schwedische Forscher Bergman, den Friedrich der Große
vergeblich für die preußische Akademie der Wissenschaften zu gewinnen suchte, war der erste, der eine vergleichende Untersuchung
von Schmiedeeisen, Gußeisen und Stahl unternahm. Bergman
ging von der Tatsache aus, daß sich das Eisen in Säure unter Entwicklung von Wasserstoff auflöst.

Man übergieße z. B. in einem Eierbecher ein wenig Eisen-
feilicht mit einem Löffel verdünnter Salzsäure, beobachte das Auf-
brausen und untersuche, ob sich das aus dem Schaum entweichende
Gas entzünden läßt. Wer sich mit eigenen Versuchen noch nicht
befaßt hat, tut gut daran, jeden in dieser Sammlung beschriebenen
Vorgang, der sich mit geringer Mühe und mit einfachen Mitteln
ausführen läßt, selbsttätig zu erproben. Bei chemischen Versuchen experimentiere man aber stets mit recht geringen Mengen,
da die Wirkung mitunter so heftig ist, daß die Nichtbefolgung
dieser Regel Gefahr bringen kann.

Bergman behandelte je eine Probe der drei Eisensorten mit
Säure und fand, daß Schmiedeeisen am meisten, Stahl weniger und
Gußeisen am wenigsten Wasserstoff entwickelt. Daraus schloß er, daß
Schmiedeeisen das reinste und Gußeisen das am wenigsten reine
Eisen ist, während Stahl eine mittlere Stelle einnimmt. In Über-
einstimmung hiermit hinterblieb denn auch beim Lösen von
Schmiedeeisen der geringste, beim Lösen von Gußeisen der größte
Rückstand. Letzteren erkannte er als Graphit. Er faßte dem-
entsprechend die Eisenarten ganz richtig als Verbindungen von
Eisen mit mehr oder weniger Kohlenstoff auf. Bergman wies
ferner nach, daß die sog. „Kaltbrüchigkeit" des Eisens von einem
Phosphorgehalt herrührt. Es ist bemerkenswert, daß die Ent-
phosphorung des Eisens durch Zusatz von Kalk, ein Verfahren,
auf dem der heute in so großartigem Maßstabe eingeführte Thomasprozeß beruht, schon um jene Zeit in Schweden in Vorschlag gebracht wurde.

Der Puddelprozeß

Ein ganz wesentlicher Fortschritt bestand darin, daß um das Jahr 1780 der Frischherd durch den Puddelofen ersetzt wurde. Das geschah in England[1]), worauf ja auch die Benennung des neuen Verfahrens (to puddle heißt umrühren) hinweist[2]). Das beim Herdfrischen erzielte Schmiedeeisen und auch der Stahl waren von vorzüglichen Eigenschaften, doch war der immer steigende Bedarf an Eisen dadurch nicht zu befriedigen. Man versuchte deshalb die Verwendung von Holzkohlen zu umgehen, wie das bei anderen

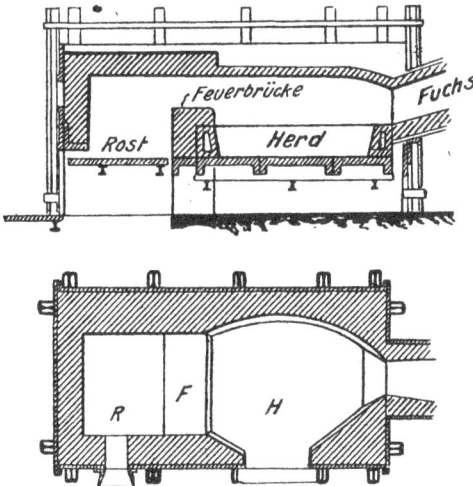

Abb. 7. Längs- und Horizontalschnitt durch einen einfachen Puddelofen.

hüttenkundlichen Arbeiten durch Flammöfen schon mit Erfolg geschehen war. Der schädliche Einfluß des Schwefelgehaltes der Steinkohlen konnte nämlich dadurch vermindert werden, daß man das Roheisen nicht unmittelbar mit den Steinkohlen in Berührung brachte, sondern nur durch eine Flamme erhitzte. Anfänglich war das Ofenmaterial—wie bei allen damals gebräuchlichen Flammöfen — ein kieselsäurereiches, so daß man keine stark eisenoxydreiche Schlacke erzeugen konnte. Der Oxydationsvorgang verlief

---

[1]) Durch Henry Cord.
[2]) Ältere und neuere Puddelöfen finden sich in Schnittmodellen im Deutschen Museum.

2*

daher nur langsam; und die ursprünglichen Puddelöfen blieben auf die holzarmen Gegenden beschränkt. Man verbesserte die Puddelöfen im Jahre 1818 durch Anwendung von Eisenplatten für den Herd. Der wesentlichste Fortschritt beim Puddeln wurde aber erst 1840 erzielt, indem man den Herd mit basischen, eisenoxydreichen Stoffen fütterte. Dadurch gelang es, den Eisenabbrand und den Brennstoffverbrauch wesentlich zu vermindern, die Leistungsfähigkeit der Puddelöfen aber etwa auf das Dreifache zu steigern.

Der Vorgang des Puddelns besteht darin, daß man in einem Flammofen, d. h. einem Ofen, durch den eine Flamme in horizontaler Richtung hindurchzieht (Abb. 7), Roheisen auf dem Herde H einschmilzt und die so erhaltene, dünnflüssige Masse mit schmiedeeisernen Stangen umrührt. Daß dies, ohne daß letztere gleichfalls schmelzen, möglich ist, beruht darauf, daß Gußeisen schon bei 1200° C, Schmiedeeisen dagegen erst bei etwa 1500° C schmilzt. Durch das Umrühren kommt die Luft mit der geschmolzenen Masse in eine innige Berührung und entzieht ihr den Kohlenstoff, der ja etwa 4% des Roheisens ausmacht. Dadurch verwandelt sich das Roheisen allmählich in den nur etwa 0,5 bis 1% Kohlenstoff enthaltenden schmiedbaren Stahl und schließlich in das noch weniger als 0,2% aufweisende Schmiedeeisen.

In dem Maße, wie dieser Prozeß der Entkohlung fortschreitet, wird die Masse immer dickflüssiger, da sich ihr Schmelzpunkt ja ständig erhöht. Die Arbeit des Puddelns wird damit schließlich so mühsam, daß sie nur die kräftigsten Männer eine kurze Zeit auszuhalten vermögen, zumal der Puddelofen schließlich eine unerträgliche Hitze ausstrahlt.

Die Leistungsfähigkeit der Puddelöfen wurde später dadurch gesteigert, daß man Doppelpuddelöfen und Drehpuddelöfen baute. Dadurch daß der Herd sich drehte und mechanisch wirkende Einrichtungen das Umrühren besorgten, wurde die so schwierige Puddelarbeit wesentlich erleichtert.

Der Arbeitsgang beim Puddeln ist etwa folgender: Wenn der Ofen angeheizt ist, werden etwa 250 kg Roheisen eingesetzt und nieder geschmolzen. Steht flüssiges Roheisen aus einem Hochofen zur Verfügung, so wird dieses mit Vorteil unmittelbar verwendet. Dann wird sog. „Garschlacke" von einer vorherigen Schmelzung oder auch Hammerschlag zugesetzt, was den Entkohlungsvorgang wesentlich beschleunigt. Nachdem alles geschmolzen ist, beginnt erst der Vorgang des Puddelns, wobei mit etwa $2^1/_2$ bis 3 m langen

Stangen im Bade gerührt wird, so daß die oxydicrende Schlacke in innige Berührung mit dem Roheisen kommt. Dies ist die „Kochperiode", denn durch die Verbrennung des Kohlenstoffes des Roheisens zu Kohlenoxyd kommt das Metallbad in eine wallende Bewegung. Das immer mehr entkohlte Eisen erstarrt trotz der Temperaturerhöhung bei der Oxydation zu Körnchen, welche die Masse immer zäher machen. Bei der Herstellung von Puddelstahl ist nach dem Kochen die Entkohlung genügend weit vorgeschritten, und nur wenn weiches Puddeleisen hergestellt werden soll, muß man noch weiter „garfrischen". Dann wird die Masse in Klumpen von etwa 30 bis 40 kg geformt, das sog. „Luppenmachen", und diese mit den Rührhaken möglichst zusammengedrückt, damit die Schlacke aus-

fließt. Man bringt dazu die Luppen nahe zur Feuerbrücke, dem heißesten Teil des Ofens, um das Auslaufen der Schlacken zu begünstigen.

Schließlich ist die Masse so zähe, daß sie zu einem Klumpen zusammengeballt und mittels großer Zangen aus dem Ofen herausgenommen werden kann. Sie wird Luppe genannt. Man bringt sie noch weißglühend unter ein rasch arbeitendes Hammerwerk und quetscht auf diese Weise die sie durch-

Abb. 8. Querschnitt (geätzt) durch ein paket-tiertes Puddeleisen in natürlicher Größe.

setzende, aus Verunreinigungen des Eisens und beigemengten Mineralien, wie Sand und Kalk, entstandene Schlacke aus ihr heraus.

Da das Eisen sich auf diese Weise nur schwer von ihr trennen läßt, auch einen sehr wechselnden Gehalt an Kohlenstoff besitzt, so gilt es, das erhaltene Produkt in seiner Zusammensetzung möglichst gleichförmig zu machen. Dies erzielt man auf folgende Weise: Die durch Hämmern und Auswalzen erhaltenen Stangen, die „Rohschienen", werden zerbrochen. Darauf werden die Stücke zu einem Paket vereinigt, das durch Bandeisen zusammengehalten wird. In dieser Form wird das aus zerteilten

„Rohschienen" bestehende Puddeleisen in einem Schweißofen, auf Weißglut gebracht und schließlich durch Hämmern und Auswalzen zu einer einzigen Masse zusammengeschweißt (Abb. 8). Sie ist natürlich viel gleichartiger (homogener) als die aus dem Puddelofen gehobene Luppe und enthält auch weit weniger Schlacke. Durch eine Wiederholung des geschilderten Verfahrens, d. h. indem man die erhaltenen Stangen wieder zerschneidet, sie zu Paketen formt, diese auf Weißglut bringt und sie noch einmal mit Hämmern und mit Walzen bearbeitet, erhält man ein noch besseres Erzeugnis. Die Herstellung von Schweißeisen betrug im Jahre 1900 noch rund eine Million Tonnen, im Jahre 1910 nur mehr die Hälfte und ist jetzt nahezu ganz verschwunden. Ein von aller Schlacke befreites Eisen von durchweg gleichem Kohlenstoffgehalt läßt sich auf diesem Wege nicht gewinnen. Die Ungleichheiten in der Zusammensetzung des Puddeleisens machen sich besonders dadurch bemerkbar, daß dieses Eisen bei längerem Gebrauch aufsplittert, eine Erscheinung, die man früher an der Oberfläche der Eisenbahnschienen öfter wahrnehmen konnte, während man sie bei den heutigen, auf einem anderen Wege hergestellten Stahlschienen nur selten beobachtet.

Die heute gebrauchten Schienen und Träger werden nämlich durch einen Prozeß gewonnen, der eine nahezu völlige Sonderung der Schlacke vom Eisen gestattet und eine weit gleichmäßigere Beschaffenheit des aus dem Roheisen gewonnenen Stahles und Schmiedeeisens gewährleistet. Es geschieht dies dadurch, daß man das schmiedbare Eisen in den vollkommen flüssigen Zustand überführt, wodurch sich die leichtere Schlacke leicht absondert.

Die Neuzeit der Eisenindustrie wurde durch die Erfindung eines englischen Uhrmachers[1]) eingeleitet, den Schweißstahl im Tiegel durch Umschmelzen ganz gleichmäßig zu machen. Zuerst wurden aus den Tiegeln nur ganz kleine Blöcke gegossen, welche besonders zu Uhrfedern und feinsten Werkzeugen verarbeitet wurden. Die Schwierigkeit, den Inhalt mehrerer, ja sogar vieler hundert Tiegel zu einem gleichmäßigen Gußstahlblock zu vereinigen, wurde erst nach jahrelangen Bemühungen von Alfred Krupp überwunden. Beim Tiegelgußstahlverfahren handelt es sich nicht etwa um einen Frischprozeß, sondern man wollte nur aus schwer schmiedbarem Stahl durch Entfernung der Schlacken ein ganz reines, gleichmäßiges Produkt erreichen. Allerdings wird

---

[1]) Namens Benjamin Huntsmann.

bei dem Umschmelzvorgang der Stahl auch etwas verändert, denn ein Teil des Silizium- und Mangangehaltes, sowie auch des Kohlenstoffes werden oxydiert Auch die Tiegelstoffe können vom flüssigen Stahl teilweise gelöst werden. Bald lernte man das Legieren des Stahles im Tiegel. Frühzeitig war auch schon der Versuch gemacht worden (Uchatius im Jahre 1855), im Tiegel Roheisen mit Eisenerzen zu frischen, ein Verfahren, das allerdings erst im Siemens-Martinofen allgemeine Anwendung fand. Weil die Schmelztiegel von 10 bis 50 kg Gewicht an erzeugtem Gußstahl meist nur einmal verwendet werden können, der Brennstoffverbrauch ein sehr großer ist, und die gewinnbaren Mengen nur geringe sind, blieb das Tiegelgußstahlverfahren zunächst auf die Herstellung hochwertiger Werkzeugstahlsorten beschränkt.

Die Güte des Gußstahles spornte zu neuen Versuchen an, auf einfachere Weise und in größeren Mengen schmiedbares Eisen im flüssigen Zustand zu gewinnen. Es ist dies durch den Bessemerprozeß gelungen.

Das Bessemer-Verfahren.

Der Engländer Henry Bessemer kam im Jahre 1855 auf den Gedanken, das so mühsame Puddeln durch ein anderes Verfahren zu ersetzen. Zwar hatte man die Arbeit dadurch vereinfacht, daß man das Puddeln wohl durch besondere Maschinen vornahm oder mitunter auch den Herd des Puddelofens sich drehen ließ. Das Verfahren Bessemers bedeutete indessen eine umwälzende Neuerung. Bessemer ersetzte nämlich den Ofen durch ein 5 bis 6 m hohes Gefäß, die sog. Bessemerbirne, das in seinem Boden nahezu hundert enge Öffnungen besitzt. Die Birne wird geneigt (Abb. 9A) und so weit mit flüssigem Roheisen gefüllt, daß der Boden noch davon frei bleibt. Dann richtet man die Birne auf und bläst gleichzeitig durch den Boden Luft hinein. Auf diese Weise wird einmal das Ausfließen des Eisens aus der Birne (Abb. 9B) verhindert und zweitens der im Roheisen enthaltene Kohlenstoff verbrannt. Das Roheisen wird also in schmiedbares Eisen verwandelt. Nur eins, was man erwarten sollte, tritt nicht ein. Die Masse wird nämlich in der Bessemerbirne nicht zähflüssig wie im Puddelofen, sondern sie bleibt dünnflüssig wie zuvor. Der Laie würde doch annehmen, daß wenn man Luft in hundert Strömen eine Viertelstunde lang durch geschmolzenes Roheisen hindurchbläst, das Eisen sich abkühlen müßte und somit ein Grund vorhanden wäre, daß es sich in der Birne verdickte. Wer so schließt, vergißt aber eins. Es handelt

sich hier ja weniger um den physikalischen Vorgang des Hindurchblasens als um einen chemischen, eine Oxydation. Das in die Birne
eingegossene Roheisen enthält auf hundert Pfund etwa 5 Pfund
Kohlenstoff und außerdem gar oft noch andere brennbare Beimengungen. Dem entspricht bei e i n e r Füllung der Bessemerbirne auf 5 bis 20 t, eine Kohlenstoffmenge, die sich auf etwa 2,5 bis
10 Ztr. beläuft. Wenn diese Menge in einer Viertelstunde infolge
des Hindurchblasens der Luft verbrennt, so erhitzt sie das Eisen
von etwa 1200⁰ auf nahezu 1700⁰. Und bei dieser Temperatur
bleibt eben das entstehende schmiedbare Eisen dünnflüssig. Einer

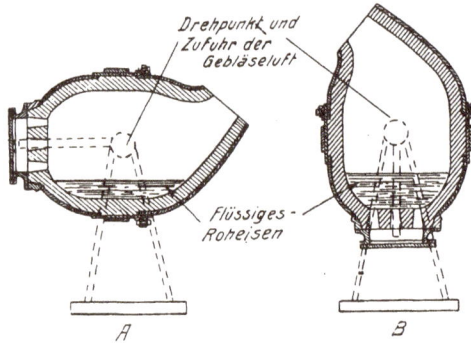

Abb. 9. Bessemerbirne im Schnitt
A = geneigt zum Einfüllen des flüssigen Roheisens.
B = aufgerichtet zum Blasen.

derartigen Erhöhung der Temperatur muß man übrigens durch ein
geeignetes Material im Innern der Birne, die äußerlich aus schmiedeeisernen Platten besteht, Rechnung tragen. Dies geschieht, indem
man sie mit verschiedenen, selbst in der erzielten Temperatur nicht
schmelzbaren, Materialien ausfüttert. Je nach den Umständen
nimmt man dazu Steine aus fast reinem Sand (saures Futter) oder
solche aus gebranntem Dolomit (basisches Futter). Von welchen
Umständen das abhängt, soll erst auseinandergesetzt werden, nachdem wir den weiteren Verlauf des Bessemerprozesses geschildert
haben. Dieser macht auf jeden, der zum ersten Male davon Zeuge
ist, einen gewaltigen Eindruck. Hat die Birne ihre Füllung erhalten, so richtet sie sich, wie durch eine innere Kraft bewegt,
langsam wild fauchend und Funken sprühend, wieder auf. Ein
glühender Atem fährt aus ihrer Mündung in die darüber befindliche Esse. Allmählich ändert die Flamme ihr Aussehen. Das ge-

übte Auge des Arbeiters erkennt schließlich daran, daß der Kohlen-stoff verbrannt ist. Sicherer verrät es das Spektroskop durch das Verschwinden gewisser Linien in dem von einem Prisma erzeugten Bilde. Ist der gewünschte Punkt erreicht, so wird das Gebläse abgestellt. Langsam kehrt die Birne in die geneigte Lage zurück, um ihren Inhalt in großе Pfannen auszugießen, die mittlerweile auf Wagen herangeschoben wurden. Aus den Pfannen wird die flüssige Masse in eiserne Formen gegossen[1]). In diesen läßt man sie in der Regel nur so weit erkalten, daß sie, noch weißglühend, daraus entfernt und zu Schienen und Trägern ausgewalzt werden kann.

Da die Füllung der Bessemerbirne in der Regel nicht etwa erst eingeschmolzen wird, sondern unmittelbar aus dem Hochofen stammt, so wird in einer ununterbrochen vor sich gehenden Folge das Eisen vom Erz durch eine ganze Reihe von Umwandlungen in den gebrauchsfertigen Gegenstand übergeführt. Es ist das eben eines der besonderen Kennzeichen der Großindustrie, daß sie fast überall von dem zeitweise ruhenden zu dem ununterbrochenen (kontinuierlichen) Betrieb übergeht. Bedingt ist dies durch mehrere Umstände. Erstens ist der kontinuierliche Betrieb bei weitem der billigste, da er, einmal im Gange, keine sich stetig wiederholenden Vorbereitungen erfordert, sondern sozusagen von selbst läuft. Ferner ist er der sparsamste. Er braucht nicht nur weniger an Menschenkraft, sondern auch weniger an Material. Wollte man, bei der Herstellung von Schienen z. B., erst Roheisen schmelzen, den daraus in der Birne bereiteten Stahl zunächst in den Formen erkalten lassen, ihn dann wieder auf Weißglut bringen, um ihn auswalzen zu können, so wäre dazu ein Aufwand an Brennmaterial und auch an menschlicher Arbeitskraft nötig, der im kontinuierlichen Betrieb gespart wird. Sogar das Herrichten der ausgewalzten Schiene erfolgt noch in dem Walzwerk in ein und derselben Hitze, die aus dem Hochofen stammt. Das Walzgut läuft nämlich sofort in ein Sägewerk und wird dort noch rotglühend in Schienen oder Träger von gewünschter Länge zerschnitten. Das Nebeneinander eines Hochofens, eines Stahl- und eines Walzwerkes und das ununterbrochene Ineinandergreifen der auf diesem stattfindenden Betriebe ist eins der lehrreichsten Beispiele dafür, wie die moderne Großindustrie arbeitet.

---

[1]) Ein bewegliches Schnittmodell der ersten in Deutschland entstandenen Bessemeranlage (Hörder Bergwerksverein, 1863) findet sich im Deutschen Museum. In Hörde entstand auch die erste Siemens-Martinanlage.

Nur etwa ein Viertel des dem Hochofenprozeß entstammenden
Roheisens bleibt Roheisen, d. h. eine Vereinigung von Eisen mit
etwa 4% Kohlenstoff. Er ist dem Eisen zum Teil in Form von
Graphitblättchen beigemengt.

In etwa 20 Minuten werden nach dem Bessemerverfahren
mehrere Tonnen Flußeisen erhalten, eine Menge, zu deren Herstellung man im Frischherde mehr als eine Woche, mit dem Puddel-

Abb. 10. Im Deutschen Museum befindliche älteste
deutsche Bessemerbirne (vom Jahre 1863).

ofen wenigstens einen ganzen Tag benötigte. So außerordentlich
dieser Fortschritt des Windfrischens, wie man den Bessemerprozeß auch nennt, war, hatte er aber zunächst nur für die Länder
Bedeutung, welche über sehr reine, besonders an Schwefel und
Phosphor arme Eisenerze verfügten. Dies traf vielfach in England,
nicht aber in Deutschland zu; und deshalb blieb die ganze Entwicklung des Verfahrens anfangs auf England beschränkt. Die
Versuche, beim Windfrischen mit Hilfe einer basischen Schlacke
auch den Phosphor aus dem Eisenbade herauszuholen, wurden

deshalb wieder eingestellt. Erst im Jahre 1878 gelang es den Engländern Thomas und Gilchrist, ein genügend haltbares, basisches Birnenfutter herzustellen. Dieser basische Windfrischprozeß wird „Thomasverfahren" oder basisches Verfahren genannt.

Die Zusammensetzung des zu verblasenden Roheisens ist für den anzuwendenden Windfrischprozeß maßgeblich. Beim alten, sog. sauren Bessemerverfahren war ein höherer Gehalt an Silizium im Roheisen erwünscht. Für das basische Verfahren dagegen ist viel Silizium nachteilig, denn es muß eine an Kieselsäure arme Schlacke gebildet werden, damit sie den Phosphor aufnimmt. Es zeigte sich bald, daß die Verbrennungswärme des Phosphors beim Windfrischen als Heizstoff vollkommen ausreicht, sofern der Phosphorgehalt des Roheisens groß genug ist (etwa 2%). Solches Roheisen, das früher wenig brauchbar war, wird nun mit Absicht erblasen und heißt „Thomasroheisen". Die beim Thomasverfahren abfallende Schlacke enthält bis zu 17% Phosphorsäure, die, fein gemahlen, einen von der Landwirtschaft sehr gesuchten Phosphatdünger darstellt. Sie wird „Thomasmehl" genannt und so gut bezahlt, daß das basische Verfahren dadurch dem sauren weit überlegen ist.

Der zeitliche Verlauf des Frischvorganges ist bei beiden Verfahren nahezu derselbe, nur wird beim basischen Verfahren noch Kalk in die Birne gebracht, wodurch die Bildung einer basischen Schlacke gesichert und das Futter geschont wird. Man unterscheidet beim Blasen:

I. die Feinperiode,

II. die Kochperiode und

III. die Garperiode.

In der Feinperiode verbrennen zuerst Silizium und Mangan unter Bildung eines Schlackenregens. Erst dann, in der Kochperiode, beginnt der Kohlenstoff zu verbrennen. Und nach etwa ¼ Stunde ist die Entkohlung des Eisens nahezu erreicht. Erst jetzt beginnt auch der Phosphor zu verbrennen. Wichtig ist nun, daß dieser an eine basische Schlacke gebunden und mit ihr aus der Birne entfernt wird, denn sonst würde er wieder in das Eisen gelangen. Beim sauren Bessemerverfahren kann man durch Abstellen des Windes jeden beliebigen Grad der Entkohlung erreichen, hat es also in der Hand, härteren Stahl oder weiches Flußeisen herzustellen.

Anders ist es dagegen beim basischen Thomasprozeß. Hier muß man zuerst ganz entkohlen, da ja der Phosphor erst nach dem

Kohlenstoff verbrennt. Dabei ist ein sog. „Überblasen" nicht
ganz zu vermeiden, wodurch auch etwas Eisen zu Eisenoxydul
verbrannt wird. Es bleibt im Eisen gelöst und macht es brüchig.
Um es zu entfernen, wird es durch einen Zusatz von sog. „Des-
oxydationsmitteln" reduziert. Man kann hierbei gleichzeitig das
Eisen auch aufkohlen und so den gewünschten Härtegrad erzielen.
Meist findet dazu Spiegeleisen oder eine hochprozentige Eisen-
manganlegierung Verwendung. Besonders bei der Rückkohlung
mit Eisenmanganlegierungen findet heftiges Aufwallen des Eisenbades infolge der Kohlenoxydentwicklung statt, wodurch das Bad
gut durchgemischt wird.

Die Roheisenmischer.

Der Hochofen liefert Tag und Nacht ununterbrochen das
flüssige Roheisen. Da man im Stahlwerke aber nur am Tage

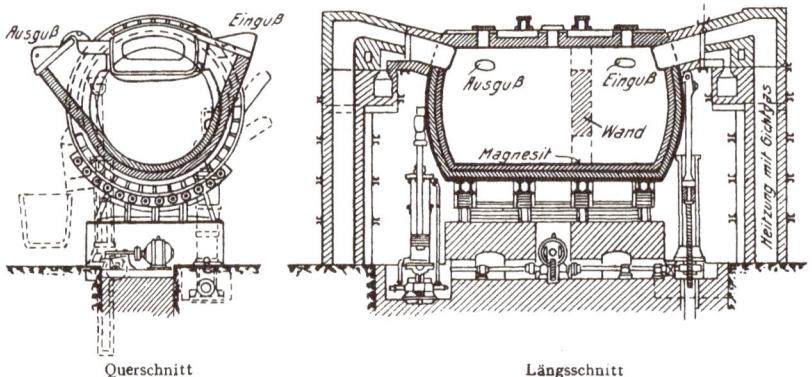

Querschnitt   Längsschnitt
Abb. 11. Ein 700-t-Roheisenmischer mit hydraulischer (oder elektrischer) Kippvorrichtung.
Im Deutschen Museum befindet sich das geschnittene und gechlossene Modell eines
Roheisenmischers.

arbeitet und es am Sonntag ruhen läßt, war es nötig, das flüssige
Roheisen aufzubewahren. Man baute dazu die sog. Roheisen-
mischer, große, meist zylindrische Gefäße aus Eisen mit feuerfestem
Futter und einem Fassungsraum von 500 bis 2000 t (Abb. 11). Sie
sind meist kippbar, um das Ausgießen des flüssigen Eisens zu er-
leichtern. Sie wurden zuerst in Pittsburg im Jahre 1889 und, un-
abhängig davon, 1890 in Hörde angewendet. Man wollte durch den
Mischer das Roheisen auch gleichmäßig in der Zusammensetzung
erhalten. Dabei zeigt sich, daß auf dem Transporte zum Mischer,

besonders aber im Mischer selbst der Schwefelgehalt des Roheisens
sehr stark vermindert wird. Neben diesem Vorteil ist der Mischer
im Großstahlwerk als Ausgleichsgefäß geradezu unentbehrlich
geworden. Wenn das Roheisen mehrere Tage lang flüssig erhalten
werden muß, können die Mischer auch mit Gichtgasheizungen
versehen werden.

Das Siemens-Martin-Verfahren.

Wiederholte Versuche, Stahl durch Verschmelzen von
Schmiedeeisenabfällen mit Roheisen in größerem Maßstabe herzustellen, waren schon frühzeitig aufgetaucht, aber nur beim
Tiegelschmelzen konnte man die nötige Hitze erreichen. Erst im
Jahre 1860 gelang es den Brüdern Wilhelm und Friedrich Siemens,
die Heizungen unter Anwendung von Wärmespeichern so zu ver-
bessern, daß man auch auf einem großen Herde Schmiedeeisen
verflüssigen konnte. Dies wurde im Jahre 1865 durch die Brüder
Martin zuerst ausgenutzt. Ursprünglich wollte man den bei
der Herstellung von pakettiertem Schweißeisen entstehenden
Abfall und Werkschrot im Siemens-Martinverfahren aufar-
beiten. Bald jedoch war die Nachfrage nach dem sehr gleichmäßig herstellbaren „Martinstahl" so groß, daß die Preise für
Schrot ständig gesteigert wurden (etwa in den achtziger Jahren
des vergangenen Jahrhunderts), und dieses Verfahren ernstlich
bedroht wurde. Die Not macht erfinderisch, und auch hier wußten
die Techniker Abhilfe zu schaffen, indem neue Verfahren entwickelt wurden. Zuerst vergrößerte man die Menge des im Martinofen eingesetzten Roheisens gegenüber dem Schmiedeeisenschrot.
Man stellte auch wohl eigene Puddeleisensorten als Einsatzstoff
für den Martinofen her. Schließlich ging man dazu über, den
Bessemerprozeß mit dem Siemens-Martinverfahren zu vereinigen.
Dadurch gelangte man zu einem sehr wichtigen Verfahren, dem
sog. „Duplexprozeß", bei dem das Roheisen durch Windfrischen
in der Birne zuerst vom Silizium befreit und auf etwa 0,1 bis 0,2%
Kohlenstoff entkohlt wird. Im basischen Siemens-Martinofen
wird die hocherhitzte Masse aus der Birne dann in verhältnismäßig
kurzer Zeit vom Phosphor befreit. So konnte die Leistungsfähigkeit des Martinofens wesentlich erhöht werden, denn die langsame
Frischperiode bei viel Roheiseneinsatz konnte in der Birne in
wenigen Minuten erledigt werden, wozu beim Martinverfahren
allein mehrere Stunden benötigt würden.

Ein weiterer sehr großer Vorteil des Siemens-Martinverfahrens ist die sichere Handhabung. Beim Windfrischen ist es sehr schwer, gerade den richtigen Augenblick zum Abstellen des Windes zu erreichen, denn eine Viertelminute kann den Einsatz schon ganz wesentlich verändern, besonders bei der Herstellung von Stahl bestimmten Kohlenstoffgehaltes beim sauren Bessemerverfahren. Je nach der Einsatzmenge und dem Arbeitsverfahren dauert der ganze Vorgang im Siemens-Martinofen einige bis mehrere Stunden. Man kann hier sehr bequem Proben nehmen und den Vorgang auf diese Weise sicher handhaben. Auch für Roheisen mit mitt-

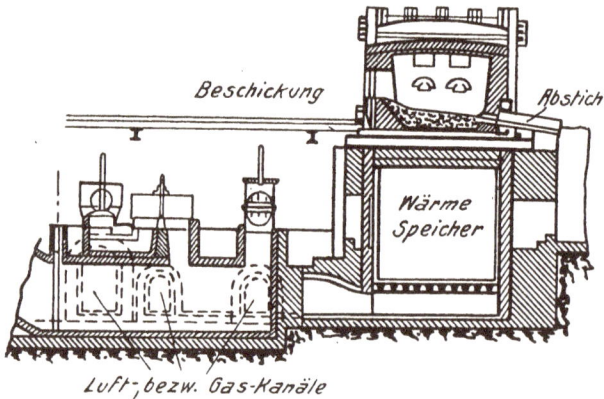

Abb. 12. Siemens-Martinofen im schematischen Schnitt.

lerem Phosphorgehalt, das weder nach dem sauren, noch nach dem basischen Windfrischverfahren verarbeitet werden konnte, ist das Duplexverfahren wie geschaffen. In Abb. 12 ist ein Siemens-Martinofen dargestellt. Die Abmessungen der Herde der Siemens-Martinöfen betragen in der Breite 1,8 bis 4,5 m bei einer Länge von 3,6 bis 10 m. Das Siemens-Martinverfahren kann daher sehr beträchtliche Mengen von Flußeisen und Flußstahl liefern, welche wegen ihrer gleichmäßigen und vorzüglichen Eigenschaften sehr gesucht sind. Ein weiterer großer Vorteil des Siemens-Martinverfahrens ist, daß man damit auch legierte Qualitätsflußeisen und Stahlsorten in großen Mengen herstellen kann, wie z. B. die so gesuchten Nickel- und Chromnickel-Konstruktionstähle für Brücken- und Maschinenbau.

Die Siemensschen Wärmespeicher gestatten die Wärme der Abgase zu verwerten, welche sonst ungenutzt verloren geht. Da-

oxydiert und rückgekohlt werden. Hier können sich nun die Gase und auch die Schlacken aus der Schmelze gut absondern, so daß das entstehende Flußeisen sehr rein hergestellt werden kann.

Zahlentafel über den Verlauf des Frischens beim Martinofen

Zusammensetzung in Prozenten	Kohlen-stoff	Silizium	Mangan	Schwe-fel	Phos-phor
Einsatz 7 t Schrott und 3 t Roheisen:	1,30	0,77	1,28	0,05	0,08
nach 7 Stunden	0,80	0,35	0,20	—	—
nach weiteren 2 Std. 0,6 t Erz zugegeben	0,07	0,01	—	—	—
Nach der Desoxydation und Rückkohlung mit 0,135 t 40proz. Ferro-mangan	0,18	0,04	0,30	0,05	0,08

Die Temperatur ist durch die Gasheizung leicht und sicher zu regeln, so daß das Siemens-Martinverfahren noch immer im Zunehmen begriffen ist. In Deutschland, England und Amerika zusammengenommen, wurden beispielsweise erzeugt im Jahre

	1900	1906	1910
nach dem Windfrischverfahren in Millionen t	12,9	21,6	15,6
im Siemens-Martinofen in Millionen t	8,8	19,5	26,2

In Ländern, in welchen es wenig Kohlen gibt, hat sich die sog. Rohölfeuerung für den Siemens-Martinbetrieb auch gut bewährt.

Im weiteren Verlauf der Entwicklung des Siemens-Martinofens, kurz auch Herdofenverfahrens, kam dann für die Roheisensorten mit mittelgroßem Phosphorgehalt das schon erwähnte Duplexverfahren zur Einführung, das große Vorteile bot. Das Roheisen, das sich weder in sauren noch in basisch zugestellten Birnen verarbeiten ließ, konnte durch anfängliches Windfrischen in der sauren Birne entkohlt und dann im Martinofen entphosphort werden, wobei der Frischvorgang wesentlich abgekürzt, das Enderzeugnis aber bedeutend verbessert wurde.

In neuester Zeit geht man auch schon dazu über, in großen, flachen und heizbaren Roheisenmischern bei verhältnismäßig niedriger Temperatur, durch Erz- und Kalkzuschläge vorzufrischen, wobei Silizium, Schwefel und auch Phosphor nahezu ganz aus dem Eisenbade herausgeholt werden können, denn bei der herrschenden, niederen Temperatur erweist sich die gebildete, phosphorreiche Schlacke gegen den Kohlenstoffgehalt ziemlich beständig. Nur das Fertigfrischen wird dann noch in Martinöfen vorgenommen.

Von manchem Verbraucher, besonders härterer Flußeisen- und Stahlsorten, wird dem sauren Martinstahl der Vorzug gegeben, wenn auch durch eingehende Materialprüfungen bisher zwischen den auf saurem- und auf basischem Herde hergestellten Martin-stahl nahezu kein Unterschied festgestellt werden konnte.

Die Elektrostahlerzeugung.

Im Laufe der letzten Jahre ist es zwar gelungen, mit Hilfe der elektrischen Energie Roheisen aus den Erzen zu erschmelzen, oder aus Eisenabfällen, besonders Spänen, sog. „synthetisches Roh-eisen" herzustellen. Bisher hat aber dieses Verfahren den Hoch-ofenprozeß nicht verdrängen können, ja es ist kaum damit in Wettbewerb getreten. Die Hauptbedeutung der Verwertung von Elektrizität für die Eisenerzeugung ist die Raffination bei dem sog. Elektrostahlverfahren. Die Elektrostahlerzeugung ist kaum 20 Jahre alt, immer noch in der Ausbildung begriffen und kann als die neueste Phase der Entwicklung der Eisenindustrie betrachtet werden. Die Möglichkeit, die elektrische Energie direkt in Wärme zu verwandeln, ist außerordentlich wichtig, denn man kann so ohne irgendwelche schädliche Heizstoffe Wärme in beliebiger Menge erlangen und auch den Wärmegrad sehr genau handhaben. Außerdem sind mit Hilfe der elektrischen Energie Hitzegrade in kurzer Zeit zu erreichen, die auf keinem anderen Wege gewonnen werden können.

Die Elektrostahlerzeugung hat zu ihrer Entwicklung sehr lange gebraucht, denn die ersten Anfänge reichen in eine Zeit zurück, in der man erstmals in der Lage war, größere elektrische Energiemengen herzustellen. Bis etwa zum Jahre 1850 war Elek-trizität nur für die elektrolytische Darstellung von Metallen ver-wendet worden. Wenn es besonders in Deutschland etwa seit 1916 gelang, größere Mengen von gutem Elektrolyteisen von höchster Reinheit herzustellen, so findet dieses Verfahren doch wenig An-wendung, da es zu teuer ist. Lediglich Maschinenteile, die durch die Abnutzung zu klein für den weiteren Gebrauch geworden sind, überzieht man auf galvanischem Wege mit einer Schicht von Elektrolyteisen, um sie wieder brauchbar zu machen. Auch auf dem Gebiete der Schmelzflußelektrolyse hat man bei Eisen bisher so gut wie nichts erreichen können. Dagegen hat sich die elektrothermische Wirkung des elektrischen Stromes wesentlich weiter ausnutzen lassen. Nach der Entdeckung von Joule, daß die von einem elektrischen Strom entwickelte Wärme vom Leitungswiderstande und dem Quadrate der Stromstärke abhängig ist, wurde versucht, diese Joulesche Wärme für elektrische Eisenschmelzöfen zu verwerten. Diesen Versuchen war aber anfänglich kein Erfolg beschieden.

Endlich gelang es Stassano im Jahre 1898 mit seinem Lichtbogenofen, weiches, brauchbares Eisen herzustellen. Durch diesen Erfolg ermutigt, tauchte eine Reihe von Elektroöfen für die direkte und die indirekte Flußstahlherstellung auf, die, teilweise vervollkommnet, sich bis jetzt erhalten haben und die Elektrostahlherstellung begründeten und beherrschen. Man kann zwei große Gruppen von Elektrostahlöfen unterscheiden, solche, bei welchen die Erhitzung durch den Lichtbogen erfolgt, und solche, bei welchen die Erwärmung durch Widerstandserhitzung geschieht; hier kann man noch zwei Untergruppen bilden, bei welchen

a) eine Art Tiegel oder sonstige Gefäße, die das Schmelzgut enthalten, als Widerstandsmasse dienen, bzw. bei welchen die Wärme von außen zugeführt wird, und

b) die sog. Induktionsöfen, bei welchen das Metallbad selbst den Widerstand bildet, so daß also eine innere Heizung vorliegt.

Früher konnte man nur Gleichstrom oder Einphasenwechselstrom für die Heizung elektrischer Öfen verwenden. In letzter Zeit ist es aber auch gelungen, Drehstrom mit Vorteil für die Elektroöfen zu verwerten, was wieder einen bedeutenden Fortschritt darstellt. Der Ausbreitung der elektrischen Öfen steht in der Regel der hohe Preis der elektrischen Energie hindernd im Wege. So kann sich die Elektro-Roheisendarstellung nur dort behaupten, wo sehr große Mengen billigen Stromes zu erhalten sind, wie sie bedeutende Wasserkräfte zu liefern vermögen. Günstiger liegen die Verhältnisse bei der elektrischen Raffinierung von Stahl, bei dem das höherwertige Erzeugnis die hohen Stromkosten ausgleicht und nur beim Garmachen des vorgefrischten Eisens eine verhältnismäßig geringe Wärmemenge nötig ist.

Die Induktionsöfen haben gegenüber den Lichtbogenöfen den Vorteil, daß keine Elektroden nötig sind, doch haben sie andere wesentliche Nachteile. Beim Kjellinofen bildet das zu erhitzende Metall sozusagen die Sekundärwicklung eines Wechselstromtransformators und erhitzt sich durch die auftretende Joulesche Wärme. Es ist dazu, wie Abb. 16 zeigt, in einer kreisförmigen Rinne untergebracht, deren Querschnitt ziemlich klein gehalten werden muß, da sonst der Widerstand zu gering würde. So ökonomisch diese Induktionsöfen auch arbeiten und obwohl sie sich gut bewährten, haben sie doch nur geringe Verbreitung ge-

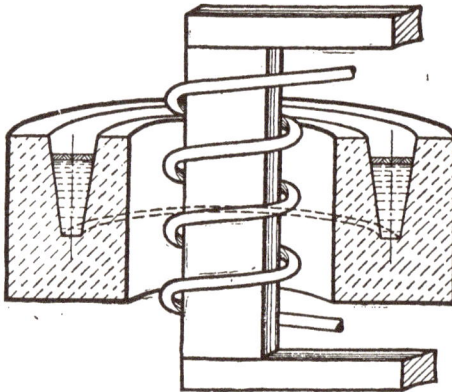

Abb. 16. Schnitt durch den Induktionsofen nach Kjellin in schematischer Skizze.

funden, denn das Fassungsvermögen ist nicht groß, und der Arbeitsraum ziemlich ungünstig gestaltet. Infolge der starken Erhitzung erhält die feuerfeste Ausmauerung, die hier eine sehr große Oberfläche besitzt, nicht lange stand.

Etwas günstiger in dieser Hinsicht ist der Einphasenofen von Röchling-Rodenhauser. Bei diesem sind zwei Eisenkerne vorhanden, wodurch zwei Rinnen für die Aufnahme des Eisenbades geschaffen sind, die sich in der Mitte zu einem größeren Arbeitsraum vereinigen. Noch günstiger in dieser Hinsicht ist der Drehstrom-Elektroofen von Röchling-Rodenhauser (s. Abb. 17).

Wesentlich mehr Verbreitung und Bedeutung haben die Lichtbogenöfen erlangt, bei welchen die Erhitzung durch einen Lichtbogen erfolgt. Neben dem schon vorher genannten Stassanoofen,

welcher sowohl für Wechsel- als auch für Drehstrom gebaut wird,
hat besonders der Héroultofen (im Jahre 1900 patentiert) Ver
breitung gefunden. Dieser ähnelt in der Form einem kippbaren
Martinofen (wie Abb. 18 zeigt) und wird bis zu einer Größe von
etwa 25 t Fassungsvermögen ausgeführt. Durch die Decke ragen
bei Wechselstrom zwei, bei Drehstrom drei Kohlenelektroden, die
so eingestellt werden, daß ihr Abstand etwa 45 mm von der Bad-
oberfläche beträgt. Einer zu starken Kohlung des Eisenbades
durch die Elektroden wirkt eine Schlackendecke entgegen.

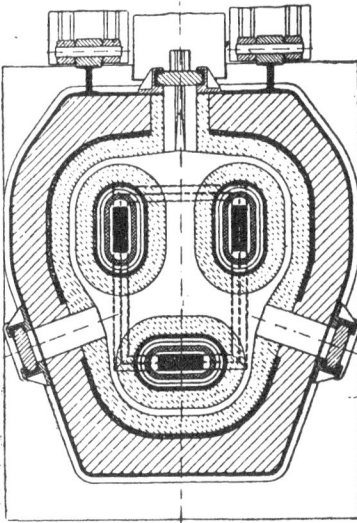

Abb. 17. Horizontalschnitt durch den Dreh-
stromelektroofen von Röchling - Rodenhauser.

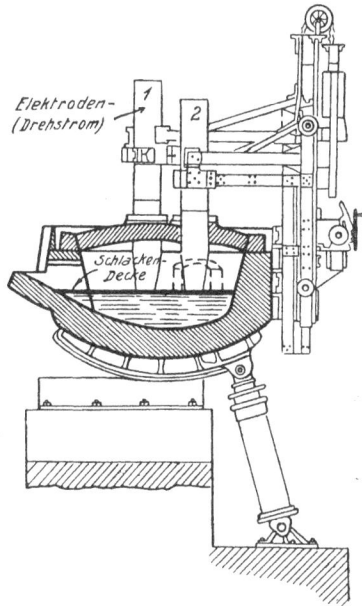

Abb. 18. Héroultofen im schematischen
Schnitt.

Um den Abbrand der Elektroden zu vermindern, werden sie
außerhalb des Ofens meist gekühlt. Der Strom tritt durch einen
Lichtbogen in das Bad über, durchfließt es und springt wieder
durch einen Lichtbogen zur zweiten Elektrode über. Der Héroultofen kann ein saures Futter besitzen, wird aber meist basisch her-
gerichtet, wobei meist Dolomit verwendet wird, wie in der Thomas-
birne. Wenn hier auch mit kaltem Einsatz gearbeitet werden
kann, so verwendet man doch besser flüssigen Einsatz, weil dadurch
der Stromverbrauch wesentlich vermindert wird. Die nachstehende

4*

Zahlenreihe gibt eine Übersicht über die nötigen Strommengen, welche bei einem mittelgroßen Héroultofen von etwa 10 t gebraucht wurden.

Zur Erzeugung einer Tonne:	sind erforderlich Kilowattstunden:
Stahl unmittelbar aus dem Erz	3000
Roheisen unmittelbar aus dem Erz	2500
Stahl aus kaltem Roheisen	1500
Stahl aus flüssigem Roheisen . . .	1 000 bis 1 200
Stahl aus kaltem Schrott	800 bis 900
Stahl aus flüssigem Flußeisen	150 bis 300

Beim Girodofen, den Abb. 19 zeigt, ragen die Gegenelektroden durch die Sohle des Herdes in das Eisenbad.

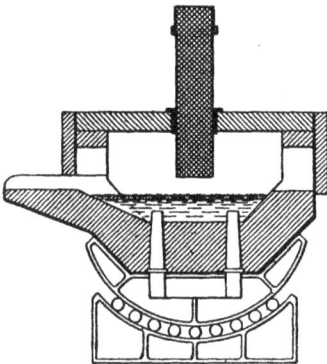

Abb. 19. Schematischer Querschnitt durch einen Girod-Elektrostahlofen.

In den Elektrostahlöfen können in ähnlicher Weise wie bei dem Siemens-Martinofen all die dort besprochenen Frischmethoden durchgeführt werden, so daß sie hier nicht wiederholt besprochen werden sollen. Die hier leicht und rasch erreichbare höhere Temperatur gestattet ein schnelleres Arbeiten, und außerdem kann bei den Elektrostahlöfen eine wesentlich stärker basische Schlacke angewendet werden, welche die Reinigung des Eisenbades gründlicher besorgt.

Der Elektrostahl ist an Güte, wenn er richtig hergestellt wurde, dem Tiegelstahl nicht nur gleichwertig, sondern sogar überlegen. Die Menge des heute gewonnenen Elektrostahles dürfte die des Tiegelstahles überschritten haben.

Das Vergießen des Flußeisens.

Bei der Herstellung von Formstücken aus Flußeisen muß man beachten, daß die Zusammenziehung beim Erstarren etwa doppelt so groß ist wie beim Grauguß. Das lineare Schwindmaß beträgt etwa 2%, d. h. ein Stab, dessen Form 102 cm lang war, wird nach dem Erkalten etwa 100 cm lang sein. Dieses größere Schwindmaß ist auf die höhere Gießtemperatur und den Mangol an Graphit ausscheidung zurückzuführen. Außerdem neigt das Flußeisen bei der Erstarrung zu einer ziemlich starken Entmischung, die auch Saigerung genannt wird, d. h. die leichter flüssigen Anteile ziehen sich dorthin zusammen, wo das Gußstück am längsten flüssig bleibt. In den so entstehenden „Saigerungszonen" reichern sich insbesondere die Verunreinigungen des Flußeisens durch Schwefel und Phosphor an. Außerdem ist in der Saigerungszone der Kohlenstoffgehalt meist ein höherer als in den zuerst erstarrten Teilen. Durch das starke Schwinden wird die Entstehung von Hohlräumen, sog. „Lunkern" in den Stahlgußstücken begünstigt. Stahlformgußstücke werden meist verhältnismäßig dickwandig

$v - 150$

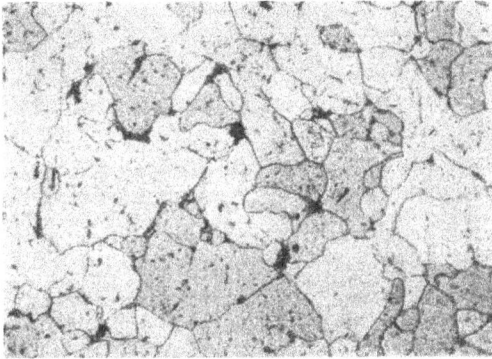

Abb. 20. Feinkörniges Gefüge von richtig ausgeglühtem, weichen Stahlguß.

hergestellt und immer mit sehr großem „verlorenen Kopf" oder sog. Saugtrichtern gegossen.

Bei der Formgebung der Stahlgußstücke ist besonders darauf zu achten, daß nirgends größere Materialanhäufungen vorkommen. Ebenso sind unvermittelte, starke Querschnittänderungen zu vermeiden. Nach dem Erstarren ist jeder Stahlformguß sehr grob körnig, er besitzt sog. Gußgefüge. Für sehr zähe Maschinenteile wird meist ein Kohlenstoffgehalt von 0,2% gewählt. Nur bei sehr harten Stahlgußteilen steigt dieser auf 1%. In solchen Fällen wird vielfach auch 12%iger Manganstahl verwendet, der allerdings immer so hart bleibt, daß er nur durch Schleifen bearbeitbar ist. Zur Verbesserung der mechanischen Eigenschaften, insbesondere der „Dehnbarkeit" und der sog.

„Kerbzähigkeit" muß jeder Stahlguß ausgeglüht werden, wodurch das Gefüge ein gleichmäßig feinkörniges wird. Man erhitzt dazu einige Stunden auf eine Temperatur, die etwas über der Umwandlungstemperatur liegt. Diese ist abhängig vom Kohlenstoffgehalt und beträgt bei weichem Stahlguß etwa 900°, bei härtestem rund 750° C. Dabei erlangt das Eisen die Fähigkeit, den Kohlenstoff aufzulösen, und bei der Abkühlung erhalten wir dann ein vom Gußgefüge verschiedenes, feines Gefüge, das die günstigen mechanischen Eigenschaften bedingt. Vergleiche die Abb. 20, welche das feinkörnige Gefüge von richtig ausgeglühtem Stahlguß zeigt.

Um Walz- oder Schmiedestücke, Rohre und Schienen aus Flußeisen herzustellen, müssen zuerst Blöcke geformt werden, denn der neuestens aufgekommene Schleuderguß hat nur erst ganz wenig Eingang, besonders bei der Rohrherstellung gefunden. Man gießt ganz allgemein das Flußeisen und den Flußstahl in eiserne „Kokillen", deren Größe sehr verschieden sein kann. Sie haben meist viereckigen Querschnitt, seltener, besonders bei Edelstahl, runden. Durch die starke Abkühlung an der Wand der Kokille erstarrt die äußerste Schichte sehr rasch und vermindert dabei ihr Volumen beträchtlich. Deshalb entsteht ein beträchtlicher Lunker, der bis zu 14 Volumprozent des gegossenen Blockes ausmachen kann. Er bildet sich hauptsächlich im oberen Teile, dem sog. Kopf des Blockes, aus und soll, da hier die Verunreinigungen angehäuft sind, bei der Herstellung hochwertiger Erzeugnisse vor dem Schmieden oder Walzen abgetrennt werden. (Man verschmilzt diesen beträchtlichen Abfall wieder im Martinofen.) Weiches Flußeisen neigt stark zur Schwefel- oder Phosphorsaigerung. Solche Saigerungszonen bleiben auch beim Auswalzen bis zu dünnen Drähten oder Blechen erhalten und können durch makroskopische Ätzung mit einer wässerigen 8%igen Kupferammoniumchloridlösung auf den Querschnitten sichtbar gemacht werden, wie dies Abb. 21 zeigt.

Beim Erstarren des Flußeisens scheiden sich auch die im flüssigen Eisen gelösten Gase ab und können so die Bildung von Hohlräumen veranlassen. Teilweise sind Heizgase im Flußeisen gelöst, teilweise handelt es sich um das beim Desoxydieren gebildete Kohlenoxyd. Das Entweichen der Gase beim Erstarren eines Blockes macht sich durch Blähung der Oberfläche bemerkbar und kann sogar ein „Steigen" in der Gußform in beträchtlichem Maße hervorbringen. Solche Blöcke sind besonders dann stark

mit Hohlräumen durchsetzt, wenn man nach der Desoxydation
das Flußeisen nicht genügend lange zur Entgasung stehen läßt.
Ist die Menge der Hohlräume nicht zu groß und deren Oberfläche nicht oxydiert, so verschweißen sie beim Schmieden oder
Auswalzen vollkommen.

Damit die Temperatur an allen Stellen der Gußblöcke eine
gleichmäßige wird, kommen sie in die sog. Ausgleichöfen, wo sie
mehrere Stunden lang ver-
weilen. Wenn die aus der
Kokille kommenden Blöcke
äußerlich auch schon ganz
fest sind, so ist der Kern
oft teilweise noch flüssig.
In diesem Zustande wäre
ein Schmieden oder Walzen
sehr gefährlich, denn der
flüssige Kern würde dabei
herausgepreßt.

Großartig ist die Wir-
kung der Walzwerke, in
denen tonnenschwere, weißglühende Blöcke scheinbar
mühelos durch tausendpfer-
dige Maschinen, noch mit
der vom Hochofen stam-
menden Hitze, immer dün-

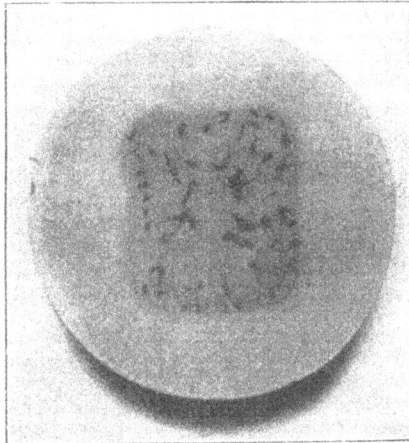

Abb. 21. Querschnitt durch eine Flußeisenstange
mit dunkler Saigerungszone in der Mitte, nach der
Ätzung mit Kupferammonchloridlösung.

ner und dünner ausgewalzt werden, um zuletzt, nur mehr rotglühend, eine fertige Schiene, einen Träger oder ein Fasson-
eisen zu bilden[1]). Ein donnerartiges Geräusch entsteht, wenn der
weißglühende Block die kalten Walzen berührt. Schön ist das
Bild, aber nicht ungefährlich, wenn zwischen den Walzen die
glühenden Eisenbänder wie züngelnde Schlangen hervorschießen
und von den Arbeitern rasch mit der Zange ergriffen, um nochmals zwischen die Walzen gesteckt zu werden.

Rohre aus Flußeisen oder Stahl wurden früher meist ge-
schweißt, was man leicht erkennen kann. In letzter Zeit werden
aber auch sog. „nahtlose Rohre" aus einem Block hergestellt. Ihre
Festigkeit ist wesentlich größer, da sie keine Schweißstelle enthalten. Das heute gebräuchlichste Verfahren besteht darin, daß

---

[1]) Im Deutschen Museum befindet sich das Modell eines Krupp-
schen Schienenwalzwerks.

ein runder Dorn in einen weißglühenden Block eingepreßt wird, der in einer runden Stahlhülle ruht. Der glühende Werkstoff weicht dem Dorn aus, wodurch ein Rohr entsteht, das dann auf kleineren Durchmesser gewalzt oder gezogen wird.

Sehr wichtig ist auch das Mannesmannverfahren[1]) geworden, das eine der technisch größten Leistungen darstellt, denn in einer Hitze können dabei aus einem Block bis zu 30 m lange Rohre bei 300 mm lichter Weite hergestellt werden. Das Verfahren wird auch ,,Schrägwalzverfahren'' genannt. Der Werkstoff wird dabei von den Walzen erfaßt, über den Dorn geschoben und so zu einem Rohr geformt. Seine Fasern verlaufen spiralig. Diese Rohre weisen sehr hohe Festigkeit auf, was besonders bei Hochdruckleitungen wichtig ist.

Durch die Warmbearbeitung, die beim Walzen oder Schmieden stattfindet, wird das ursprüngliche grobe Gußgefüge in ein fasrig sehniges verwandelt, wodurch die Festigkeitseigenschaften wesentlich verbessert werden. Zum Schmieden von sehr dicken Stücken reichten selbst die großen Dampfhämmer nicht mehr aus, welche bei ihrer Arbeit ganze Stadtteile erdbebenartig erzittern machten, denn die Tiefenwirkung eines Hammers entspricht etwa nur dessen Breite. Besonders in den Kruppwerken hatte man dies frühzeitig erkannt und deshalb mächtige, hydraulische Schmiedepressen mit einer Druckleistung von 5 000 000 kg und mehr aufgestellt, unter denen meterdicke Eisenblöcke wie ein weicher Stoff von Titanenhänden durchgeknetet werden.

Das Glühfrischen oder Tempern.

Um Gußeisen zäh zu machen, kann auch der Kohlenstoffgehalt bei einer so niedrigen Temperatur herausgeholt werden, daß das Eisen während des ganzen Vorganges im festen Zustande bleibt. Es geschieht durch das ,,Glühfrischen'' oder ,,Tempern'', und das erhaltene Erzeugnis wird als schmiedbarer Guß, ,,Temperstahl'' oder ,,Glühstahl'', bezeichnet. Wenn auch nur in kleinem Umfange ausgeübt, so war dieses Frischverfahren schon im 17. Jahrhundert bekannt. Es wurde 1722 von Réaumur ausführlich untersucht und beschrieben.

In Europa verwendet man für die Herstellung von Tempergußstücken, wie z. B. Schlüsseln und kleinen Beschlägen, ein ,,Weißeisen'' mit etwa folgender Zusammensetzung:

---

[1]) Ein Mannesmann - Walzwerk ist im Modell im Deutschen Museum zu sehen.

2,5 bis 3,3% Kohlenstoff,
0,5 ,, 0,8% Silizium,
0,2 ,, 0,4% Mangan,
0,1 % Phosphor und
0,1 % höchstens 0,25% Schwefel.

Dünnwandige Gußstücke aus solchem Eisen, das früher viel im Tiegel, jetzt meist im Flamm- oder auch im Kupolofen erschmolzen wird, enthalten nahezu keinen Graphit, denn man sieht diesen als nachteilig in bezug auf die Zähigkeit der getemperten Stücke an. In Amerika dagegen tempert man auch graphithaltige Stücke zu tadellosem schmiedbaren Guß. Wenn solche Stücke nicht ganz durchgetempert werden, zeigen sich in der Mitte ganz schwarze Stellen, was aber nicht schädlich ist.

Die Umwandlung des Gußeisens in schmiedbares Eisen erfolgt hier bei den fertigen Gußstücken durch langandauerndes Glühen in einer oxydierenden Atmosphäre. Dadurch wird der Kohlenstoff oberflächlich aus dem Eisen herausgeholt; durch Diffusion im festen Zustande wandert der Kohlenstoff wieder in die entkohlten äußeren Schichten hinein, so daß nach und nach fast der gesamte Kohlenstoff aus dem Eisen entfernt werden kann.

Beim Erhitzen des weißen Roheisens zerfällt das Eisenkarbid, weil es bei dieser Temperatur nicht beständig ist, in Temperkohle, eine sehr feinkörnige Form von Graphit, und in Eisen. Das harte Eisenkarbid, welches hauptsächlich die Sprödigkeit der Weißeisengußstücke bedingt, wird daher durch das Glühen beseitigt. Der feinverteilte Kohlenstoff in Form von Temperkohle ist nun leicht durch Oxydation aus dem Eisen herauszuholen. Solche Temperkohle sieht man, besonders in der Mitte größerer, nicht vollständig fertig getemperter Stücke, manchmal zu sog. Temperkohlennestern angereichert. Schon Réaumur hatte versucht, den Tempervorgang durch mikroskopische Untersuchungen wissenschaftlich aufzuklären, doch verwendete er nur Bruchflächen, wobei die Anwendung einer stärkeren Vergrößerung unmöglich war. So blieben seine Bemühungen erfolglos; und erst der später sich entwickelnden Metallmikroskopie blieb es vorbehalten, durch geeignete Schliffuntersuchungen die Gefügeveränderungen beim Tempern restlos zu erklären. Diese Untersuchungsmethode hat auf allen Gebieten der Metalltechnik außerordentliche Aufklärungen gegeben und ist heute geradezu unentbehrlich geworden. Sie allein vermag die Zusammenhänge zwischen der chemischen

44

Zusammensetzung, dem Gefüge und den mechanischen Eigenschaften der metallischen Werkstoffe aufzuklären.

Allgemein verwendet man als sauerstoffentziehendes Mittel
beim Glühfrischen Roteisenstein oder gerösteten Spateisenstein.
Doch sollen diese nicht zu viel Quarz enthalten, weil dieser sonst mit
dem Eisenoxyd an der Oberfläche der Tempergußstücke eine
flüssige Schlacke bildet, durch welche die Teile zusammenfritten
können. Damit keine zu rasche Entkohlung bzw. Oxydation der
Tempergußstücke eintritt, mildert man die oxydierende Wirkung
des frischen Roheisensteins durch Hinzufügen von $^2/_3$ bis $^3/_4$ der
Menge an schon früher benutzten, oder fügt auch gerösteten
Spateisenstein zu, der milder wirkt.

Auch andere geröstete Eisenerze können als Zusätze verwendet werden. Die Entkohlung kann auch durch den Luft-
sauerstoff bewirkt werden. Man hat hier nur dafür zu sorgen, daß
die Entkohlung nicht zu rasch vor sich geht. Man verpackt die zu
tempernden Teile deshalb zweckmäßig in Quarzsand, welcher die
Luftzirkulation verlangsamt. Die Entkohlungszeit ist von der
Dicke der Gußstücke abhängig. Allgemein soll man Tempergußteile so formen, daß sie an allen Stellen möglichst denselben
Querschnitt besitzen, und daß größere Werkstoffanhäufungen an
einzelnen Stellen vermieden werden. Hat man verschieden dicke
Gußteile zu tempern, so sondert man sie nach der Dicke und verpackt annähernd ähnliche jeweils in eigenem Glühtopf aus Eisen.
Da diese Glühtöpfe oder Glühkisten etwa eine Woche lang erhitzt
werden, weisen sie sehr starken Abbrand auf. Neuestens hat man
mit Erfolg versucht, sie durch einen Aluminiumüberzug zu schützen.
Die zu tempernden Teile werden allseitig von einer entsprechend
dicken Schicht des Glüherzes umgeben und die Glühtöpfe vielfach
mit Kalkmilch ausgeschmiert, um ein Anfritten zu vermeiden.
Das Glühen selbst geschieht in Flammöfen mit einer einfachen
Rostfeuerung, sog. Temperöfen, und dauert vom Anheizen bis zur
Abkühlung meist gerade eine Woche lang. Die Temperatur wird
ziemlich genau auf 900^0 C gehalten. Bei dünnen Tempergußstücken kann die Entkohlung schon nach 2 bis 3 Tagen erfolgen.
Durch Bruchproben überzeugt man sich von Zeit zu Zeit vom
Fortschreiten des Temperprozesses. Das Eisenerz gibt während
des Erhitzens einen Teil seines Sauerstoffgehaltes an den Kohlen-
stoff des Roheisens ab, der sich damit zu Kohlenoxyd verbindet, das entweicht und weiterhin zu Kohlendioxyd verbrennt.
Außer der Kohlenstoffabgabe soll keine Veränderung beim Tem-

pern hervorgerufen werden, doch muß man dafür sorgen, daß das verwendete Tempererz möglichst frei von Schwefel ist, denn dieser würde bei dem langdauernden Glühen Gelegenheit haben, durch Diffusion in das Eisen hineinzuwandern und es verderben, da er Rotbruch erzeugt. Zu lange darf die Entkohlung auch nicht fortgesetzt werden, da, nachdem der Kohlenstoff verbrannt ist, auch das Eisen oxydiert werden würde. Richtig getemperter schmiedbarer Guß ist so zäh und weich, daß fingerdicke Stücke, ohne zu brechen, im kalten Zustand um einen rechten Winkel gebogen werden können. Der Temperguß ist auch gut schmiedbar, weshalb er auch „schmiedbarer Guß" genannt wird. Tempergußteile werden selten stärker als mit 20 bis höchstens 30 mm Wandstärke hergestellt.

Das Zementieren oder Einsatzhärten[1]).

Der dem Glühfrischen entgegengesetzte Vorgang ist die Kohlung weichen Eisens, wie sie beim Zementieren angewendet wird. Das Zementierverfahren ist schon sehr lange bekannt, erlangte aber erst durch die Tiegelgußstahlbereitung große Bedeutung. Es bezweckt, den Kohlenstoffgehalt des durch das Frischen gewonnenen, sehr reinen aber weichen Eisens zu erhöhen, es härtbar, also zu Stahl zu machen. Man verwendet dabei die Fähigkeit des Eisens, Fremdstoffe, besonders den Kohlenstoff, durch Diffusion im festen Zustande aufzunehmen, ein Vorgang, der sich in der Glühhitze abspielt, so daß das Eisen dabei nicht in den flüssigen Zustand übergeht. Wie sich der Kohlungsvorgang vollzieht, ist noch nicht ganz aufgeklärt. Es wurde zwar nachgewiesen, daß fester Kohlenstoff auch in Form von Diamant kohlend wirkt, doch ist dieser Vorgang ein sehr langsamer. Jedenfalls spielen beim Kohlen das Kohlenoxyd (CO) und auch andere, insbesondere stickstoffhaltige Gase, eine wichtige Rolle. Man kann auch durch kohlenstoffhaltige Gase allein eine Kohlung hervorrufen und ebenso durch geschmolzene Salze, wie Zyankalium oder gelbes Blutlaugensalz. In der Regel bedient man sich zur Kohlung aber der sog. Einsatzmischungen, die meist Holz- oder Braun- bzw. Lederkohle enthalten. Daneben wird noch etwas Kochsalz, Soda oder Bariumkarbonat beigemischt, wodurch die Kohlung ganz wesentlich beschleunigt werden kann. Von großem Einfluß auf die Geschwindig-

---

[1]) Im Deutschen Museum finden sich Schnittmodelle von Zementier- und Temperöfen.

lrcit der Kohlung ist die angewendete Temperatur. Bei 800⁰ C erfolgt die Kohlung nur ganz langsam; bei 900⁰ C ist die günstigste Temperatur erreicht, denn wenn auch z. B. bei 1000⁰ eine wesentlich schnellere Kohlung eintritt, so ist das nicht günstig. Es würde dabei die Oberfläche der Eisenteile überkohlt, denn die Kohlenstoffaufnahme erfolgt bei dieser Temperatur so rasch, daß der Abtransport durch die Diffusion im festen Zustande nach dem Kerne der Stücke hin nicht zu folgen vermag, und dadurch ungleichmäßig zusammengesetzte Produkte erzielt würden. Dies zu beachten, ist besonders beim Einsetzen von fertig bearbeiteten

$v - 300$

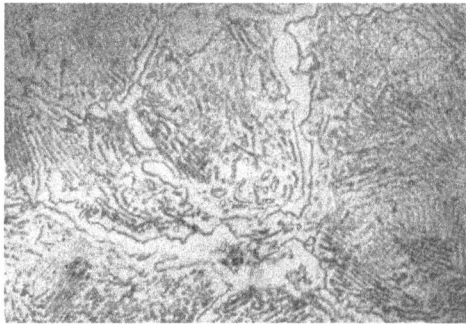

Abb. 22. Gefüge von Zementstahl. Durch die langdauernde, hohe Erhitzung ist das Gefüge sehr grobkörnig geworden.

Maschinenteilen wichtig, die zur Erreichung einer dünnen, gut härtbaren Oberflächenschicht eingesetzt werden, während der Kern dieser Werkstücke kohlenstoffarm und zäh bleiben soll.

Bei der Herstellung von Zementstahl, wie er jetzt zum Verschmelzen auf Tiegelgußstahl gebraucht wird, bettet man dünne Schweißeisenstäbe, neuestens auch Stäbe aus sehr reinem Flußeisen in große, aus feuerfesten Steinen gemauerte Kästen oder Kisten in reine Holzkohlen ein. Nachdem diese Kästen sorgfältig verschlossen wurden, werden sie im Zementierofen etwa 8 Tage lang auf rund 1000⁰ C erhitzt und einer langsamen Erkaltung überlassen. Bei der hierbei herrschenden höheren Temperatur befindet sich das Eisen in einer Modifikation, die befähigt ist, den Kohlenstoff aufzunehmen. Da diese Einwanderung des Kohlenstoffes aber im festen Zustande vor sich geht und von der Oberfläche ihren Ausgang nimmt, bleibt der Kern immer etwas ärmer an Kohlenstoff wie die Oberfläche. Der durchschnittliche Kohlenstoffgehalt des

Zementstahles beträgt etwa 0,8 bis 1,5%. Die sonst noch im Eisen vorhandenen Beimengungen erfahren keine Veränderung, nur die oxydischen Schlacken werden teilweise durch den Kohlenstoff reduziert. Das dabei entstehende Kohlenoxyd treibt besonders auf der Oberfläche Blasen auf, weshalb man den Zementstahl auch „Blasenstahl" nennt. Der Zementstahl als solcher ist nicht direkt verwendbar, weil er durch die langdauernde hohe Erhitzung sehr grobkörnig (siehe Abb. 22) und dadurch brüchig geworden ist. Durch Ausschmieden wird er wieder brauchbar, aber die Zusammensetzung bleibt ungleichmäßig. Früher streckte man die einzelnen zementierten Stäbe aus und verschweißte sie, wodurch eine größere Gleichmäßigkeit und Verbesserung erzielt wurde. Dieses Verfahren ergab den sog. „Gärb-" oder „Raffinierstahl". Doppelraffinierstahl, der noch besser und gleichmäßiger war, erhielt man durch eine Wiederholung des Ausschmiedens und Verschweißens, aber erst durch das Umschmelzen im Tiegel konnte das vollkommenste Produkt erhalten werden. Das Beschicken des Ofens, das Zementieren, die Abkühlung und das Auspacken aus den Einsatzkisten nimmt 3 bis 4 Wochen in Anspruch. Zum Zementieren von 1 t sind etwa 30 bis 40 kg Holzkohle und 800 bis 1000 kg Steinkohle erforderlich, so daß die Kosten ziemlich beträchtliche sind. Trotz seiner vorzüglichen Eigenschaften wird heute nicht mehr viel Zementstahl hergestellt, dagegen hat das Zementieren von fertig bearbeiteten Maschinenteilen, besonders für Verkehrsmittel, zwecks Oberflächenhärtung sehr große Verbreitung gefunden. Schweißeisenteile werden fast nie dazu verwendet, sondern Flußeisen mit einem Höchstgehalt von 0,16% Kohlenstoff oder auch Nickel- bzw. Chromnickel-Konstruktionsstähle. Der Zweck dieser Einsatzhärtung ist, den Kohlenstoff auf einer dünnen, etwa $^1/_2$ bis 2 mm dicken Oberflächenschichte möglichst auf 0,9% anzureichern, die dann beim Abschrecken nahezu Glashärte annimmt. Diese im „Einsatz gehärteten Teile" werden dadurch gegen Abnutzung sehr widerstandsfähig. Da der Kern bei richtiger Einsatzglühung und nachfolgender entsprechender Wärmebehandlung aber weich und zäh bleibt, leisten solche Konstruktionsteile auch gegen dauernd wechselnde oder stoßweise Beanspruchungen, wie sie bei Maschinen und insbesondere bei den neuzeitlichen Verkehrsmitteln auftreten, guten Widerstand. Durch und durch harte Stücke könnten dafür nicht verwendet werden, weil sie unfehlbar brechen würden und so arge Unglücksfälle hervorrufen könnten.

Man verwendet bei der Einsatzhärtung meist eine Mischung von 60 Gewichtsteilen Holzkohle mit 40 Gewichtsteilen Bariumkarbonat, weil dieses Einsatzhärtemittel sehr verläßlich und rasch arbeitet. Hier geht man in der Einsatztemperatur selten über 900° hinaus. Für Zahnräder, Achsbolzen u. dgl. genügt eine Einsatzzeit von 2 bis 4 Stunden, je nach der Dicke der gewünschten Einsatzschichte. Besonders bei feingezahnten Zahnrädern soll man ja nicht zu lange und bei zu hoher Temperatur einsetzen, sonst werden die Zähne, welche von der Oberfläche her den Kohlenstoff leicht aufnehmen, durch und durch gehärtet und brechen im Betriebe aus. In solchen Fällen genügt schon eine Einsatzzeit von einer Stunde, und eine Einsatzschichte von mehr als $1/_4$ bis $1/_2$ mm Dicke kann verderblich werden. Neuestens werden auch schon bei 800—850° C rasch kohlende Einsatzhärtepulver in den Handel gebracht, die sehr verläßlich in einer Stunde etwa 1 mm Einsatztiefe ergeben. Sie bedeuten einen wesentlichen wirtschaftlichen und technischen Fortschritt. Ebenso wichtig wie die richtige Kohlung ist die nachfolgende Wärmebehandlung der eingesetzten Teile, denn durch die mehrstündige hohe Erhitzung ist auch der Werkstoff im Kerne grobkörnig und spröde geworden. Man muß zuerst den Kern regenerieren oder „vergüten," wozu man auf etwa 950° C erhitzt, damit der Kohlenstoff in Lösung geht. Durch rasche Abkühlung erhält man dann ein feinkörniges Gefüge. Die kohlenstoffreiche Außenschicht würde aber bei dieser Wärmebehandlung zu spröde für den Gebrauch sein. Man erhitzt deshalb nochmals bis auf etwa 760° und schreckt in Wasser oder Öl ab. Dann kann, je nach dem Verwendungszweck, noch an- oder nachgelassen werden. So umständlich diese doppelte Wärmebehandlung auch ist, soll sie bei der Herstellung hochwertiger Erzeugnisse nicht umgangen werden, denn nur so erhält man in der Außenschichte den harten „Martensit", während der Kern den richtigen, zähesten Vergütungsgrad aufweist. Bei übermäßiger Kohlung oder falscher Wärmebehandlung springen an der Oberfläche der Einsatzstücke manchmal „Schalen" aus, wodurch die ganzen Teile unbrauchbar werden können. Gasförmige Kohlungsmittel, von denen besonders Leuchtgas in Betracht kommt, werden seltener angewendet. Bei der Einsatzhärtung von Panzerplatten verwendet man sie meistens. Alle Teile, die nicht gekohlt werden sollen, kann man durch eine Lehmschicht vor der Kohlung bewahren. Bei Maschinenteilen wurde zu diesem Zwecke auch eine örtliche, galvanische Verkupferung mit Erfolg angewendet. Beim Einsetzen von legiertem Konstruktionsstahl ist zu beachten, daß Chrom, Wolfram und auch Molybdän den Kohlungsvorgang zu beschleunigen vermögen. Nickel und höherer Siliziumgehalt dagegen verzögern die Kohlenstoffaufnahme. Doch im großen ganzen sind diese Einflüsse nicht sehr bedeutend.

In allerneuester Zeit haben in der physikalisch-chemischen Versuchsanstalt von Friedrich Krupp A.-G. in Essen angestellte Versuche gezeigt, daß man auch durch Stickstoff eine Oberflächenhärtung erzielt, durch welche einzelne Stahlsorten so hart gemacht werden, daß man damit Glas abschaben kann, ohne daß die Schneide der Stahlwerkzeuge stumpf wird.

$v - 40$

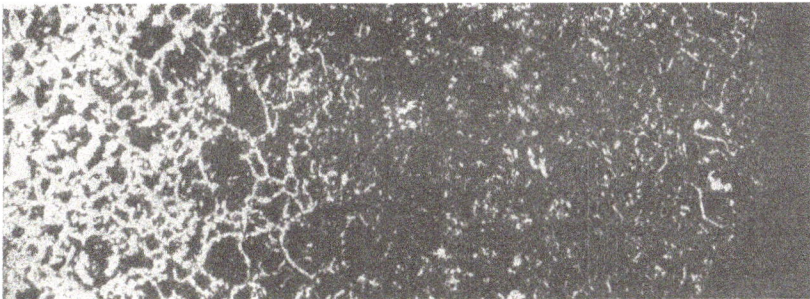

Abb. 23. Querschnitt durch ein eingesetztes Stück Flußeisen. Die Einsatzschicht erscheint dunkler.

In der Abb. 23 ist ein Querschnitt durch einen im Einsatz gekohlten Flußeisenstab bei etwa 40facher linearer Vergrößerung dargestellt. Man erkennt hier deutlich die dunkle Einsatzschicht, welche, wie es bei richtig gekohlten Stücken sein soll, etwa 0,9% Kohlenstoffgehalt aufweist. Die Abb. 24 zeigt gerade die Übergangsstelle von der gekohlten Außenschicht zum nichtveränderten Kern bei stärkerer Vergrößerung. Die hellen Teile des Lichtbildes sind reines Eisen. Hier zeigt sich der Wert der mikroskopischen Metalluntersuchung besonders schön, denn eine einzige Schliffuntersuchung läßt uns die örtliche Verteilung des Kohlenstoffgehaltes, der ja die Eigenschaften der Eisenlegierungen im höchsten Maße beeinflußt, erkennen. Um durch chemische Untersuchung zu demselben Ergebnis zu gelangen, wäre ein viel umständlicherer Weg nötig. Man müßte hier z. B. sorgfältig aus den einzelnen

Oberflächenschichten Probespäne entnehmen und sie quantitativ auf ihren Kohlenstoffgehalt hin untersuchen. Es ist aber nicht nur wichtig zu wissen, wie viel Kohlenstoff in einer Eisenlegierung, besonders in einem Stahl, enthalten ist, sondern in welcher Form der

$v - 150$

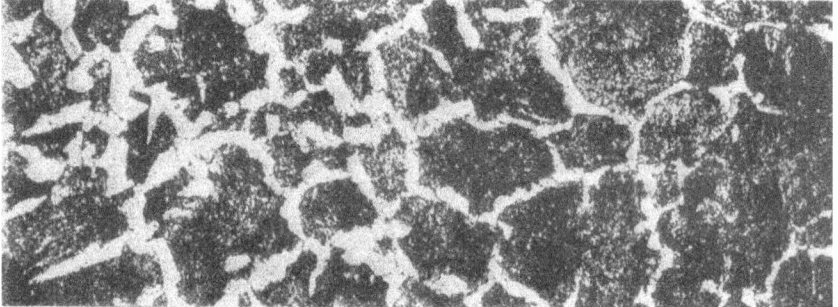

Abb. 23. Die Übergangsstelle von der gekohlten Außenschicht bei stärkerer Vergrößerung.

Kohlenstoff vorkommt, denn dadurch werden besonders die so wichtigen Festigkeitseigenschaften bedingt. Auch hier gibt uns das Mikroskop bei der Untersuchung angeätzter Schliffe die nötige

$v - 500$

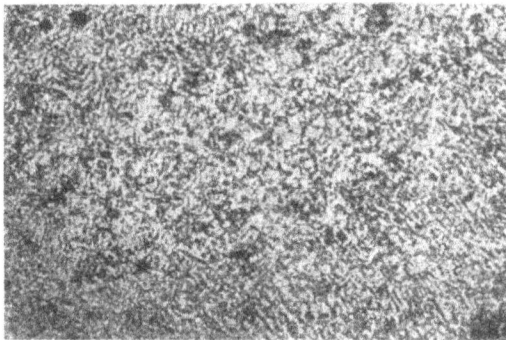

Abb. 25. Feinkörniger Martensit in richtig gehärtetem Stahl.

Auskunft. So sehen wir beispielsweise im gehärteten Stahl (Abb. 25) den Kohlenstoffgehalt als solchen nicht, denn hier findet er sich im Eisen gelöst vor. Wollen wir deshalb den Kohlenstoffgehalt eines Stahles mit dem Mikroskop feststellen, so müssen wir ihn zuerst ausglühen und langsam erkalten lassen. Dabei zerfällt die nur bei höherer Temperatur (über dem oberen Umwandlungspunkt) beständige feste Lösung des Kohlenstoffes im Eisen. Nicht nur ob ein Stahl gehärtet wurde, läßt sich bei der mikroskopischen Untersuchung feststellen, ja man ist sogar in der Lage, aus dem Gefügebild zu entscheiden, ob die Abschreck- oder Anlaßtemperatur richtig gewählt, bzw. wie die Wärmebehandlung vorgenommen worden war. Gerade auf diesem Gebiete ist neben der sog. ,,thermischen Analyse", welche uns beim Stahle die Umwandlungstemperaturen auffinden läßt, die Metallmikroskopie unersetzlich geworden.

Die junge Wissenschaft, welche sich mit diesen Untersuchungen befaßt, heißt ,,Metallographie". Sie entwickelte sich im Verlaufe der letzten 20 Jahre mit einer ungewöhnlichen Geschwindigkeit und ist heute in der gesamten Metallindustrie unentbehrlich geworden. Nicht nur die Industrie, sondern auch die forschenden Wissenschaften haben der Metallographie wichtige Erkenntnisse zu danken. Gerade hier zeigt sich so recht, wie segensreich das Zusammenarbeiten von Wissenschaft und Praxis zu wirken vermag.

Übersicht über das hauptsächliche Schrifttum.

F. Dannemann: „Die Naturwissenschaften in ihrer Entwicklung und in ihrem Zusammenhange". 2. Aufl. 4 Bände. Leipzig. W. Engelmann 1920—1923.

C. Dichmann: „Der basische Herdofenprozeß" II. Aufl. Berlin 1921.

F. Erbreich: „Einführung in die Eisenhüttenkunde." Leipzig 1913. „Gemeinfaßliche Darstellung des Eisenhüttenwesens." Herausgegeben vom Verein Deutscher Eisenhüttenleute. XII. Aufl. Düsseldorf 1924.

„Gießerei-Handbuch." Herausgegeben vom Verein Deutscher Eisengießereien, Gießereiverband, in Düsseldorf. München 1922.

„Die Gießerei", Zeitschrift für die Wirtschaft und Technik des Gießereiwesens, München.

„Gießerei-Zeitung", Zeitschrift für das gesamte Gießereiwesen, Berlin.

H. Hermanns: „Das Moderne Siemens-Martin-Stahlwerk", Halle a. S, 1922.

„Hütte", Taschenbuch für Eisenhüttenleute. Herausgegeben vom Akademischen Verein „Hütte" E. V. Berlin 1923.

O. Johannsen: „Geschichte des Eisens". Düsseldorf 1924.

C. Irresberger: „Kupolofenbetrieb." Berlin 1922.

H. v. Jüptner: „Grundzüge der Siderologie" Bd. I—III. Leipzig 1900/02/04.

A. Ledebur: „Handbuch der Eisenhüttenkunde" neu bearbeitet von H. Frhr. v. Jüptner, Leipzig 1923 ff.

W. Mathesius: „Die physikalischen und chemischen Grundlagen des Eisenhüttenwesens." II. Aufl. Leipzig 1924.

B. Osann: „Lehrbuch der Eisenhüttenkunde" Bd. 1 und 2. IV. Auflage 1921/24.

E. F. Ruß: „Die Elektrostahlöfen" II. Auflage, München 1924.

M. v. Schwarz: „Eisenhüttenkunde" Bd. 1 und 2. Berlin 1924.

„Stahl und Eisen", Zeitschrift für das deutsche Eisenhüttenwesen, Düsseldorf.

H. Wedding: „Ausführliches Handbuch der Eisenhüttenkunde", Braunschweig 1906.

www.ingramcontent.com/pod-product-compliance
Lightning Source LLC
Chambersburg PA
CBHW031454180326
41458CB00002B/758